吴君胜 罗 伟 邱赞杨 主 编

曾 海 陈宇先 副主编

动漫专业
规划教材

3D

游戏设计与开发

SANDI YOUXI SHEJI YU KAIFA

暨南大学出版社
JINAN UNIVERSITY PRESS

中国·广州

图书在版编目（CIP）数据

3D 游戏设计与开发/吴君胜，罗伟，邱赞杨主编. —广州：暨南大学出版社，2011.9
（动漫专业规划教材）
ISBN 978 – 7 – 81135 – 894 – 0

Ⅰ.①3…　Ⅱ.①吴…　②罗…　③邱…　Ⅲ.①电子游戏—游戏程序—软件开发
Ⅳ.①TP311.5

中国版本图书馆 CIP 数据核字(2011)第 114786 号

出版发行：暨南大学出版社

地　　址：中国广州暨南大学
电　　话：总编室（8620）85221601
　　　　　营销部（8620）85225284　85228291　85228292（邮购）
传　　真：（8620）85221583（办公室）　85223774（营销部）
邮　　编：510630
网　　址：http：//www. jnupress. com　http：//press. jnu. edu. cn

排　　版：广州市天河星辰文化发展部照排中心
印　　刷：湛江日报社印刷厂

开　　本：787mm×1092mm　1/16
印　　张：12.75
字　　数：307 千
版　　次：2011 年 9 月第 1 版
印　　次：2011 年 9 月第 1 次
印　　数：1—3000 册

定　　价：28.00 元

前 言

近年来，我国动漫产业的发展为职业教育带来了契机。在 2010 年 7 月 28 日的 CHINAJOY（中国国际数码互动娱乐产品及技术应用展览会）开幕式上，工信部软件服务业司副司长郭建兵表示，2009 年我国动漫游戏产业总收入已超过 700 亿元，保持着良好的发展势头。可见动漫游戏产业是 21 世纪创意经济中最有希望的朝阳产业。

在充满机遇的同时，我国动漫游戏产业却遭遇人才掣肘的危机。2010 年动漫游戏人才缺口为 60 万人，目前每年相关专业的毕业生和受过专业培训的人才不足两万人，动漫人才极为紧缺。在我国，众多高职高专院校开设的动漫相关专业所培养的学生主要是能适应动漫画艺术制作、影视、广告、出版物、网络媒体、多媒体软件制作等工作的应用型人才，而计算机游戏开发，特别是 3D 游戏开发方面的课程安排还处于空白或者说刚刚起步的阶段。不了解动漫产业及其发展、不了解企业和社会对用人类型的需求，动漫相关专业的学生面临着较大的就业压力。

本书面向高职高专动漫游戏相关专业，针对游戏设计与开发课程进行编写，根据课程的教学要求共分为九章：第一章主要对计算机游戏设计和 3D 游戏引擎进行简单介绍；第二章介绍 3D 游戏开发基础和 Torque 引擎的各种对象；第三章详细讲解游戏编程的语言及其语法；第四章详细介绍了 Torque 引擎编辑器的应用；第五章至第六章介绍了 3D 游戏的环境、角色和物品的制作；第七章讲解如何实现游戏音效；第八章详细介绍 3D 网络游戏的创建方法；第九章讲解如何掌握 3D 资源导入 Torque 引擎的方法。本书由浅入深、从易到难地介绍了利用 Torque 引擎开发 3D 游戏的高级应用技术，具有典型性和代表性。我们为教师授课和学习者的自学提供了本书案例中使用的素材和工具，读者可以从暨南大学出版社网站（http：//www.jnupress.com/）下载使用，或直接联系本书的作者获取相应的技术支持。

本书的讲授可安排 60 至 80 学时。教师可根据学时、专业和学生的实际情况进行教学。本书文字通俗、简明易懂、便于自学，也可供从事 3D 游戏设计与开发等相关工作的专业人员或爱好者参考，甚至可用于中职院校相关专业的实践教学。

本书由广州市广播电视大学吴君胜老师、广州市轻工技师学院罗伟高级讲师、广州城市职业技工学校邱赞杨老师担任主编，广州市广播电视大学曾海副教授、广州市信息工程职业学校陈宇先老师担任副主编。本书的编写得到了众多专家和学者的支持，参与本书编写、整理、资料搜集工作的有广州大学谢亮老师、广州市轻工技师学院徐务棠老师、曾文高级讲师、袁静老师和河源电视台节目编辑熊鑫老师。

由于编者水平有限，书中难免出现纰漏，热忱欢迎广大师生、读者批评指正。

编　者

2011 年 2 月于广州麓湖

3D游戏设计与开发

2

目　录

第一章 3D游戏基础

第一节 计算机游戏产业

计算机游戏作为与现代计算机技术相伴的高科技产物，对懂技术的新一代人群具有强大的吸引力，目前在中国、日本、美国及欧洲发展极为迅速，已经成为主流娱乐活动。游戏作为一种现代娱乐形式，正在世界范围内创造着巨大的市场空间和受众群体。目前国外家用电脑中有75%用于娱乐，欧美电脑游戏市场的年消费额高达数十亿美元；我国游戏市场容量也同样非常可观。如果我们以50%的家用电脑玩游戏，而每个家庭平均每年消费100元的游戏软件来保守估计，这一领域就将产生近5亿元的市场。

我国正在积极发展和宣传游戏产业，而中国国际数码互动娱乐产品及技术应用展览会（CHINAJOY）就是一个游戏产业的展示平台。从2004年以来，中国国际数码互动娱乐展览会已经进入第八个年头，成为继日本东京电玩展之后的又一同类型互动娱乐大展。展览会每年都会吸引来自欧洲、美洲、日本、韩国、东南亚各国、中国等国家和地区从事数码互动娱乐业的厂家汇聚在上海。CHINAJOY是由中国政府相关行业主管部门支持举办的行业盛会，意在逐步加强对中国国内电子娱乐行业的管理，积极规范电子和网络出版物市场，进一步支持、鼓励正当经营和正版电子娱乐产品的生产、销售，为推

图1-1 CHINAJOY 的 Logo

动国内电子娱乐产品市场的健康、有序发展提供宣传的平台。在促进中外优秀电子娱乐产品贸易、学术交流的同时，此展会使国内企业制作的具有中国特色的优秀电子娱乐产品得以在全国乃至世界范围内推广，从而树立中国电子出版物知识产权保护的新形象，让世界了解中国，对中国数码互动娱乐产业的健康、规范和快速发展起到了积极的促进作用。

一、3D游戏的类型和风格

游戏开发是一项富于创造性的事业。尽管已经存在区分游戏类型的方法，某些游戏的类型一目了然，但有些却不尽然。3D游戏类型主要分为ACT、FTG、STG、FPS、SLG、RTS、RTT、RPG、AVG、SIM、SPG、RAC、PUZ、MUG、ETC等。

1. 角色扮演游戏（RPG，英文全称 Role-playing Game）

角色扮演游戏是由玩家扮演游戏中的一个或数个角色且有完整的故事情节的游戏。玩家可能会将其与冒险类游戏混淆，其实区分很简单：RPG 游戏更强调剧情发展和个人体验。一般来说，RPG 可分为日式和欧美式两种，主要区别在于文化背景和战斗方式。日式 RPG 多采用回合制或半即时制战斗，以感情细腻、情节动人、人物形象丰富见长，如《最终幻想》系列等。如图 1-2 所示。

RPG 游戏是最能引起玩家共鸣的游戏类型。其诞生以 ENIX 的日本国民级游戏——《勇者斗恶龙》的发售为标志。此游戏能

图 1-2　角色扮演游戏（RPG）

把游戏制作者的世界完整地展现给玩家，架构一个或虚幻或现实的世界，让他们在里面尽情地冒险、游玩、成长，感受制作者想传达的观念。RPG 游戏没有固定的游戏系统模式可循，因为其系统的目的是构建制作者想象中的世界。但是，它们都有一个标志性的特征，就是代表了玩家角色能力成长的升级系统，而程序构建的世界就是各个 RPG 游戏的个性所在。与其他游戏类型不同，RPG 游戏的表现虽然是立体、多元的，但根本目的都是为了增强故事情节的吸引力。

2. 动作游戏（ACT，英文全称 Action Game）

动作游戏是玩家控制游戏人物用各种方式消灭敌人或保存自己以达到过关目的的游戏，不刻意追求故事情节，如熟悉的《超级玛丽》、可爱的《星之卡比》、轻松惬意的《雷曼》、华丽的《波斯王子》、爽快的《真三国无双》等。

ACT 游戏讲究打击的爽快感和流畅的游戏感觉，其中以日本 CAPCOM 公司制作的动作游戏最具代表性。在 3D 游戏发展迅速的今天，ACT 类游戏获得了进一步的发展。其逼真的形体动作、火爆的打斗效果、良好的操作手感及复杂的攻击组合，给玩家带来了良好的视听体验，代表作品为被称作三大 ACT 的《鬼泣》系列、《忍者龙剑传》系列、《战神》系列。如图 1-3 所示。

图 1-3　动作游戏（ACT）

3. 对战格斗游戏（FTG，英文全称 Fighting Game）

对战格斗游戏是由玩家操纵各种角色与由电脑或其他玩家所控制的角色进行格斗的游戏。正统的 FTG 游戏有体力槽、操作和出招方式、角色处于同一轴线以及讲究对抗与平衡相对统一的特点。经典 3D 格斗游戏有《铁拳》、《VR 战士》等。如图 1-4 所示。

图 1-4　对战格斗游戏（FTG）

图 1-5　射击游戏（STG）

4. 射击游戏（STG，英文全称 Shoting Game）

这里所说的射击游戏是指纯粹的飞机射击，或者在敌方的枪林弹雨中生存下来，一般由玩家控制各种飞行物（主要是飞机）完成任务或过关的游戏。此类游戏分为两种：一种叫科幻飞行模拟游戏（SSG，英文全称 Science-Simulation Game），非现实的，以想象空间为内容，如《自由空间》、《星球大战》系列等；另一种叫真实飞行模拟游戏（RSG，英文全称 Real-Simulation Game），以现实世界为基础，以真实性取胜，追求拟真，使玩家产生身临其境的感觉，如《皇牌空战》系列、《苏 -27》等。如图 1-5 所示。

5. 冒险游戏（AVG，英文全称 Adventure Game）

冒险游戏是由玩家控制游戏人物进行虚拟冒险的游戏。与 RPG 不同的是，AVG 的特色是故事情节往往是以完成一个任务或解开某些谜题的形式来展开的，而且在游戏过程中着意强调谜题的重要性。

AVG 也可再细分为动作类和解谜类两种：解谜类 AVG 纯粹依靠解谜拉动剧情的发展，难度系数较大，其经典代表是《神秘岛》系列、《寂静岭》系列；而动作类（A·AVG）可以包含一些 ACT、FGT、FPS 或 RCG 要素，如《生化危机》系列、《古墓丽影》系列、《恐龙危机》系列等。如图 1-6 所示。

图 1-6　冒险游戏（AVG）

6. 体育游戏（SPG，英文全称 Sports Game）

体育游戏是模拟游戏的变种，开发人员的目标是尽可能精确地复制游戏的整体体验，玩家可以在不同的程度上参与到一场体育游戏中，并在一个真实的 3D 环境中看到游戏中角色的动作。如图 1-7 所示。

这些体育项目中有各种球类运动、田径、体操、滑雪、极限运动、拳击、摔跤等，如《胜利十一人》、《托尼·霍克滑板》、《拳击之夜》等，但不包括脑力对抗的棋牌游戏和驾驶车辆的竞速游戏。另外，*Wii Sports*、*Wii Fit* 等以体育项目为主的体感游戏也归入体育游戏类型。

图 1-7 体育游戏（SPG）

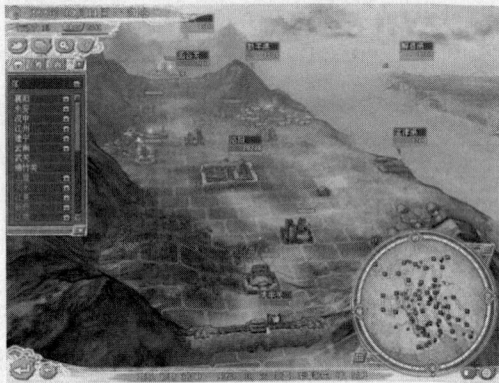

图 1-8 策略游戏（SLG）

7. 策略游戏（SLG，英文全称 Simulation Game）

策略游戏是指玩家运用策略与电脑或其他玩家较量，以取得各种形式胜利的游戏，或统一"全国"，或开拓外星殖民地，如图 1-8 所示。策略游戏类似于战争游戏，在相当长的一段时间内都是用纸和笔来玩的。随着计算机技术的发展，基于计算机的表格和随机数发生器逐渐代替了策略游戏中传统的查图表和掷骰子的决策方式。

最终，带有纸板标记或以印模压铸的军事微缩模型的桌面战场（或沙箱中的战场）也被搬到计算机屏幕上。早期的桌面游戏是按顺序进行的：每个玩家轮流考虑他的选择和需要向部队发布的"命令"，然后通过掷骰子的方式决定能发布什么命令，随后玩家将根据得到的结果改变战场上的布置，等各玩家都发布命令之后，他们将看到战场上新的对阵情况并决定下一步要进行什么样的调度。游戏就这样循环进行。

SLG 的 4E 准则为：探索、扩张、开发和消灭（Explore、Expand、Exploit、Exterminate）。SLG 可分为回合制和即时制两种：回合制策略游戏如《英雄无敌》系列、《三国志》系列、《樱花大战》系列；即时制策略游戏如《文明》系列、《命令与征服》系列、《帝国》系列、《沙丘》系列、《纪元》系列等。

8. 即时战略游戏（RTS，英文全称 Real-Time Strategy Game）

即时战略游戏属于策略游戏 SLG 的一个分支，但由于其在世界上的迅速风靡，慢慢发展成了一个单独的类型，知名度甚至超过了 SLG，有点像现在国际足联和国际奥委会的关系。RTS 一般包含采集、建造、发展等战略元素，同时其战斗以及各种战略元素的进行都采用即时制，如图 1-9 所示。

RTS 游戏是战略游戏发展的最终形态。玩家在游戏中为了取得战争的胜利，必须不停地进行操作，因为"敌人"也在同时进行着类似的操作。就系统而言，因为 CPU 的指令执行不可能是同时的，而是序列的，所以为了给玩家造成"即时进行"的感觉，开始必须将游戏中各个势力的操作指令在极短的时间内交替执行。因为 CPU 的运算速度特别快，所以交替的时间间隔就非常小。RTS 游戏的代表作品有 WESTWOOD 的《命令与征服》系列、《红色警戒》系列，BLIZZARD 的《星际争霸》、《魔兽争霸》系列等。

图 1-9 即时战略游戏（RTS）

9. 生活模拟游戏（SIM，英文全称 Simulation Game）

生活模拟游戏区别于 SLG（策略游戏），此类游戏高度模拟现实，能自由构建游戏中人与人之间的关系，并可以如现实中一样进行人际交往，也可联网与众多玩家一起游戏，如《模拟人生》等。

二、游戏开发者角色

在三维游戏开发的过程中，开发者需要不同的角色，如设计师、程序员、美工等。但各种游戏角色之间的区别并不是非常明显，有时很难说清楚某个开发人员担任的是什么角色，而且会出现一个开发人员在一个游戏项目的开发周期中担任不同的角色的情况。

1. 出品人

游戏出品人其实就是游戏项目的负责人。出品人将制订并跟踪开发计划，管理其他实现具体开发的人员，而且还要管理预算和开支。开发人员的监督工作由出品人负责，如果团队中有组员需要某种工具、技术或者资源，出品人必须了解到这些需求并及时作出安排，以便组员能够尽可能早地获得他们需要的东西。

除此以外，出品人还是开发团队和外界交流的窗口，负责回答媒体的问题，签订合同和申请许可证，并尽量把外界巨大的干扰阻挡在开发团队之外。

2. 设计师

游戏设计师是娱乐的工程师，作为一名游戏设计师，将全权决定游戏的主题和规则，并主导着游戏整体感觉的发展过程。游戏设计师分为多种：总设计师、平面设计师、编剧设计师、人物设计师等。在大型项目中每一个设计角色都会由几个人负责，而较小的项目可能只有一个设计师，或者是程序员兼设计师，或者是美工兼设计师。

设计师必须善于沟通，最优秀的设计师都是很出色的合作者和说服者。他们需要把自己的想法整理出来并灌输给开发团队中的所有人。设计师不仅在总体上设计游戏的概念和感觉，而且要设计各种平面和图形，并帮助程序员把游戏的各个方面整合到一起。与出品人不同的是，设计师需要理解游戏中的技术环节以及美工和程序员是怎样完成他们的工作的。

3. 程序员

游戏程序员负责编写代码，这些代码将把游戏的想法、美术效果、声音和音乐组合起来形成一个功能完善的游戏。程序员控制游戏的速度、游戏中的美术效果、声音的安排以及事件的因果关系，通过内部计算把用户的输入转换成各种视觉和听觉体验。编写代码也有很多专业的划分，在本书中，用户将使用 Torque Script 编写游戏规则、角色控制、事件管理和记分几个方面的代码。

在某些项目中，开发人员也许还会编写 3D 游戏引擎的某个部分，或者是与网络和音频有关的代码，或者是开发使用引擎的工具等。

4. 视频美工

根据游戏美工人员的职责，可以划分为：3D 建模人员、动画制作人员和纹理美工。

（1）3D 建模人员设计并制作各种玩家角色、动物、交通工具和其他移动的 3D 物体的模型。为了保证游戏的性能尽可能地好，模型美工通常会制作尽量简单而又能够满足要求的模型。我们可以将 3D 建模人员看作是使用数字化黏土的雕刻家。

（2）动画制作人员使这些模型移动起来。建模和动画通常由同一个美工完成。

（3）纹理美工负责制作各种附着在由建模人员制作的 3D 模型表面的图片。纹理美工对不同物体的表面进行摄像或者绘图，从而制作各种需要的纹理图像，然后在一个被称作纹理贴图的过程中把这些纹理附着在看起来不够真实的物体表面。如果说 3D 建模人员是使用数字化黏土来铸造模型，那么纹理美工则是使用数字化画笔来绘制模型。

在游戏开发的设计阶段，游戏美工人员负责绘制各种草图并创作情节串联图板，以便展示和充实设计师的想法。如图 1-10 所示即为游戏设计草图。开发人员在构造模型和编程的时候，把美工绘制的概念设计草图作为参考，然后依照设计文档的要求制作各种模型和纹理，包括角色、建筑物、交通工具和各种图标。

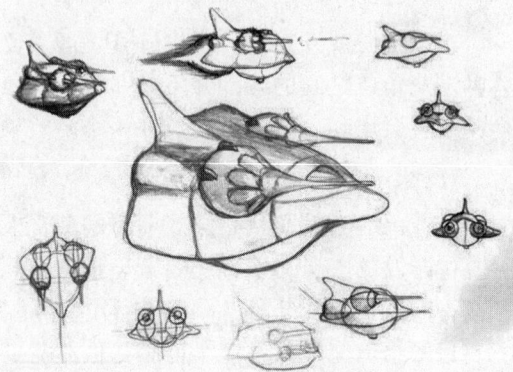

图 1-10　游戏设计草图

5. 音效师

音效师负责制作游戏中的音乐和各种音效。优秀的设计者都希望与富于创造性和有灵感的音效师合作，以便创作出能够加强游戏体验感的音乐作品。

音效师和设计师的合作非常紧密，他们决定什么地方需要使用音效以及所使用的音效的特点。音效师通常会花大量的时间来试验各种不同的音效来源，以便找到制作最适合的音效的方法。在获得最基本的音响元素后，音效师将使用音效编辑工具修改这些声音，包括改变声调、加快或者减慢声音的播放速度、删除不需要的杂音等工序。

6. 质量保证人员

在游戏开发过程中，测试的目的是确保一个制作完成的游戏的确完成了，在人力所及的范围内包含最少的 bug。在游戏行业中游戏测试人员承担了"质量保证（QA）"的大部分任务。QA 测试需要专业的质量保证人员或者游戏测试人员，对游戏的每一个部分进行实测，力图消除游戏中所有细微的缺陷和漏洞。

第二节　3D 游戏引擎

一、游戏引擎

游戏引擎是指一些已编写好的可编辑游戏系统或者一些交互式实时图像应用程序的核心组件。游戏引擎其本质也是一个软件，和其他的软件一样，用户需要关心的是它有什么功能、它能提供给我们什么帮助，而不必关心它是如何实现这些功能的。

从某种意义上说，游戏引擎就是包括诸如渲染器、资源管理器以及物理规律模拟等可支持技术的一个集合。玩家所体验到的剧情、关卡、美工、音乐、操作等内容都是由游戏的引擎直接控制的，它把游戏中的所有元素捆绑在一起，在后台指挥这些元素同时、有序地工作。简单地说，引擎就是用于控制所有游戏功能的主程序，从计算碰撞、构建物理系统和分析相对位置，到接受玩家的输入以及按照正确的音量输出声音，等等。

可见，引擎并不是什么让人难以理解的东西，无论是什么类型的游戏，都有这样一个控制系统。经过多年来不断地改进，如今的游戏引擎已经发展为一套由多个子系统共同构成的复杂系统，这些子系统包括建模、动画、光影、粒子特效、物理系统、碰撞检测、文件管理、网络特性以及专业的编辑工具和插件，几乎涵盖了开发过程中的所有重要环节。以下就对引擎的一些关键部件作一个简单的介绍。

首先是光影效果，有时候也被称作光照系统，即游戏场景中的淘汰对人和物的影响方式。游戏的光影效果完全是由引擎控制的，折射、反射等基本的光学原理以及动态光源、彩色等高级效果都是通过引擎的不同编程技术实现的。

其次是游戏动画系统，目前游戏所采用的动画系统可以分为两种：一是骨骼动画系统，一是模型动画系统。前者用内置的骨骼带动物体产生运动，通常是在引擎外完成骨骼动画，如在 3DSMAX 中；后者则是在模型的基础上直接进行变形。

引擎另一个非常重要的功能是提供物理系统，这可以使物体的运动遵循固定的规律。例如，当角色跳起或落下的时候，系统内设定的重力加速度将决定他能跳多高，以及他下落的速度有多快。同样，子弹的飞行轨迹、车辆的颠簸方式也都是由游戏引擎中的物理系统决定的。

碰撞检测是检测系统的核心部分，它可以检测游戏中各物体的物理边缘。它的主要功能有两个：其一，当两个物体撞在一起的时候，碰撞检测技术可以防止它们相互穿过，这就确保了当你撞在墙上的时候，不会穿墙而过，也不会把墙撞倒，因为碰撞探测会根据你和墙之间的特性确定两者的位置和相互作用的关系。其二，结合触发器来触发一些事件，比如撞到墙上会弹出一个对话框提示。

渲染系统是引擎另一个重要的功能，当模型制作完毕之后，美工会按照不同的面把材质贴图赋予模型，最后再通过渲染引擎把模型、动画、光影、特效等所有效果实时计算出来并显示在屏幕上。渲染引擎在引擎的所有部件当中是最复杂的，它的强大与否直接决定着最终的输出质量，也就是我们通常说的画面质量。

引擎还有一个重要的功能就是负责玩家—电脑之间的交互，处理来自键盘、鼠标、摇杆等输入设备的信号。如果游戏支持联网特性的话，网络代码也会被集成在引擎中用于管理客户端与服务器之间的通信。

二、Torque 引擎

Torque 引擎的开发公司为美国的 GarageGames 公司。该公司成立于 2000 年，其名字是有意模仿 "garage band"，旨在唤起游戏开发者的共鸣，希望将更多致力于游戏行业发展而非一味追求名利的公司、团体、个人，通过 GarageGames 紧紧地联系在一起。GarageGames 通过向这些开发人员提供开发工具和技术支持，与其合作，给予游戏开发人员所需的帮助。开发人员还可以在 GarageGames 上发布自己的游戏。

1. Torque 引擎系列产品

（1）Torque Game Engine。Torque Game Engine 是 GarageGames 的主导产品，简称 TGE，它是一个专业的 3D 引擎，最初由 Dynamix 于 2001 年为第一人称射击游戏——Tribes 2研发，而后由 GarageGames 向独立开发者和专业游戏开发商授权，由该引擎开发的商业游戏包括："Marble Blast Gold"、"Minions of Mirth"、"TubeTwist"、"Ultimate Duck Hunting" 和 "Wildlife Tycoon：Venture Africa"，涵盖了目前市场上各种主流游戏类型。

（2）Torque Game Builder。Torque Game Builder 简称 TGB、T2D 或 Torque 2D，它是基于 TGE，专为 2D 游戏开发设计的一套开发工具。Torque Game Builder 的功能集包括：动画精灵、灵活的方格、粒子系统、扫描式碰撞系统、刚体物理系统和硬件加速的 2D 渲染系统等，这些都是 2D 游戏开发很好的入手点，其代码可嵌入到 Torque 的其他产品中，比如 TGE 和 TGEA。

（3）Torque Game Engine Advanced。Torque Game Engine Advanced 简称 TGEA，是 Torque 家族产品的一个补充。TGEA 建立在 TGE 技术之上，主要对 TGE 的室内外渲染引擎进行了改进，同时改进了地形渲染系统，并提供了一些新的功能。为了更好地利用图形卡的功能以及 DirectX9 等技术，TGEA 对 TGE 的渲染引擎进行了全面重写。

由于建立在通用材质系统和 API 无关的图形层之上，跨平台的 TGEA 还可以作为 XBOX 360 的开发平台。

（4）Torque X。Torque X 是 GarageGames 最新推出的一款全新的引擎，该引擎与微软进行合作，专为 XNA 环境而打造。

（5）Torque X Builder。Torque X Builder 简称为 TXB，是 T2D 的 XNA 版，是 Torque X 所使用的视觉化开发环境和工具集。

2．Torque 引擎的基本特点

从技术角度来讲，Torque 引擎的特点体现在以下几方面：

（1）Torque 核心：3D 图形引擎。Torque 库拥有一个标准组件的可扩展的 3D 渲染系统 渲染引擎支持环境贴图、高德纳着色、体积雾，支持顶点光照和多 pass 光照，以及其他 特效。

（2）世界编辑器。Torque 引擎集成了所见即所得的世界地图编辑功能，内建有地形编 辑器，并支持对象的构建放置大小调整以及旋转功能。Torque 引擎还能编辑对象的控制 属性。

（3）GUI 编辑器。Torque 引擎集成的拖放式所见即所得的 GUI 编辑器，用户可自定义 控件。Torque 引擎拥有丰富的字体支持，包括 Unicode 支持。

（4）TGE 网络。Torque 引擎提供了健壮的网络端代码脚本，支持局域网和因特网的 网络游戏开发，具有传统的 C/S 架构，还具有自动封包的数据流管理。Torque 引擎使用 Ghost 机制管理，支持必要对象的网络更新。

（5）地形引擎。Torque 引擎支持连续无缝自动 Mesh 细节生成的地形渲染、MMX 加速 的 Mip 贴图合成、地形建筑物的光照贴图生成、基于高度分层的雾带渲染和地形纹理混 合等。

（6）室内渲染引擎。Torque 的室内渲染引擎支持基于 Portal 技术的室内渲染，能与地 形引擎无缝集成。

（7）Mesh 引擎。Torque 的 Mesh 引擎支持纹理动画、纹理坐标动画、透明渐变动画； 支持多骨骼的 Mesh 骨架动画；支持动态投射阴影；支持渐进式 Mesh 生成的自动细节生 成；支持 Mesh 顶点变形动画。

（8）其他。Torque 引擎能较好地支持 3D 音效，并支持 Ogg Theora 的视频回放。

三、3D 游戏元素

3D 游戏在体系结构上包含了几个互不相关的元素：引擎、脚本、GUI、模型、纹理、 音频和支持底层结构。

1．脚本

引擎提供的代码可完成所有艰难工作，如图形渲染、网络连接等。我们通过脚本把所 有这些功能组合到一起。如果不使用脚本的编程功能，那么将难以创建复杂且富有特点的 游戏。脚本把引擎的各个部分组合起来，使得游戏具有可玩性，并遵循一定的规则。

2．图形用户界面

图形用户界面（GUI）一般是指各种图像和控制游戏视觉外观并接受用户控制输入的 代码的组合。玩家的飞行仪表盘（HUD）也是 GUI 的一部分，在这里显示角色的生命力 情况和玩家的记分。另外，游戏的主菜单、设置或选项菜单、对话框以及各种游戏进行中 的消息系统也属于 GUI 的范围。

图 1-11 The Pursuit of Infamy 游戏选项菜单

如图 1-11 所示，显示了 Buccaneer：The Pursuit of Infamy 游戏的选项菜单画面。在屏幕的右边，有 4 个排列整齐的 GUI 按钮控件。试看右上角的 "Chart Room" 按钮，当鼠标正放在它的上面时，该按钮是高亮显示的，这个功能是 Torque Game Engine 为按钮控件的定义提供的功能中的一部分。

3. 模型

3D 模型是 3D 游戏的基本核心，如图 1-12 所示。除一两种情况以外，游戏画面上任何不属于 GUI 的可视物体都是某种类型的模型。玩家的游戏角色是一个模型，角色双脚之下的世界是被称为地形（terrain）的特殊模型。游戏中所有的建筑、树木、街灯柱和交通工具都是模型。

图 1-12 3D 游戏模型

4. 纹理

3D 游戏中，在 3D 的场景中渲染模型时，纹理是非常重要的一个部分。纹理确定了 3D 游戏中所有模型在渲染时的外观。恰当而富有想象力地为 3D 模型设计纹理，不仅能够增强模型的视觉效果，而且能够降低模型的复杂度。这允许用户能够在一段给定的时间内画出更多的模型，从而增强游戏的效果。

5. 声音

声音在 3D 游戏中能产生前后联系的情趣，通过声音能够向玩家提供事件的发生、背景的变化方面的听觉提示，同时伴以 3D 位置的移动。巧妙地使用恰当的声音效果对制作一个优秀的 3D 游戏来说是非常必要的。如图 1-13 所示，显示了一个由波形编辑程序操作的声音效果波形图。

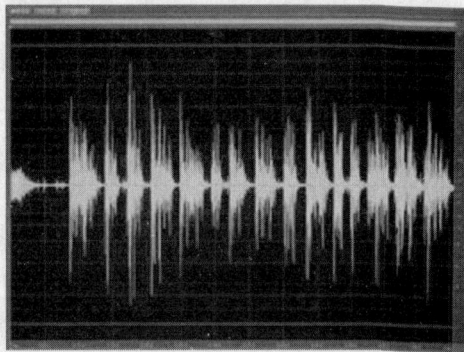

图 1-13 声音效果波形图

6. 音乐

在某些游戏中，特别是多玩家的游戏，很少使用音乐。而对于其他游戏，如单机的冒险游戏，音乐是渲染故事情节和给玩家提供前后联系的线索最基本的工具。制作人员添加恰当的音乐片断，能让玩家产生制作人员所期望的情绪。

7. 支持底层结构

支持底层结构对于持续在线的多玩家游戏比对单玩家游戏更加重要。当提到游戏底层结构的时候，所涉及的内容包括 Web 站点、自动更新工具、支持论坛、游戏管理和玩家管理工具以及玩家记分和性能的数据库。

（1）Web 站点。Web 站点是非常必要的，它是人们了解相关游戏，发现重要的或者有趣的信息以及下载游戏补丁的地方。

Web 站点全力关注于相关游戏，就像一个销售专柜。如果希望游戏有好的销售量，那么一个设计精美的 Web 站点是必不可少的。

（2）自动更新。在玩家的系统中一直有一个自动更新程序伴随着相关游戏。更新程序在游戏启动之前通过 Internet 连接到指定的网站，并在网站内寻找更新了的文件、游戏补丁或者是用户上次退出游戏之后更新过的文件。在启动游戏之前它将下载相应的文件并使用更新了的信息来启动游戏。

Delta Force、Blackhawk Down、World War II Online 以及 Everquest 这些游戏都带有自动更新功能。在登录游戏之后，服务器将检查安装的游戏是否有某些部分需要更新，如果有，它将自动把文件传送到客户机上。某些自动更新程序会下载一个本地安装程序并在客户机上运行，从而确保安装了最新的文件。

（3）支持论坛。社区论坛或者 BBS 是开发人员为用户提供的一个很有价值的工具。论坛是一个充满活力的社区，玩家可以在这里讨论相关游戏、游戏的特点以及他们之间玩游戏的比赛情况。它还被开发人员当作是用户支持的一个反馈机制。

（4）管理工具。如果正在开发一个持续在线的游戏，那么获得一个基于 Web 的工具是非常重要的事情。这个工具用于创建或删除用户账号、修改密码和管理其他可能遇到的情况。此时需要某种能够使用基于 CGI、Perl 或者 PHP 的交互式窗体或页面的主机 Web 服务。虽然并非必须拥有这种服务，但是的确应该为数据库配置一个管理工具。

（5）数据库。如果希望自己的游戏具有持续性，使得玩家的积分、技艺和各种设置能够保存下来，那么一般情况下需要在服务器端建立并管理一个数据库。通常情况下，管理工具用于在数据库中创建玩家的记录，而游戏服务器将通过与数据库的通信对用户进行认证、获取并保存积分以及保存或恢复游戏设置和配置。通常使用的数据库有 MySQL、PostgreSQL 或其他类似的产品。

四、Torque SDK 的安装

SDK 是 Software Development Kit 的缩写，中文意思就是"软件开发工具包"。这是一个覆盖面相当广泛的名词，辅助开发某一类软件包相关文档、范例和工具的集合都可以叫做"SDK"。Torque SDK 为我们提供了开发游戏所需的大部分工具，如引擎源代码、各种插件以及可以作为起点的游戏 Demo。

1. Torque SDK 的安装

（1）放入安装盘，把安装程序"Torque Game Engine 1.5.0 SDK Setup"复制到计算机的磁盘上，然后双击运行，计算机将会显示安装提示框。如图 1-14 所示。

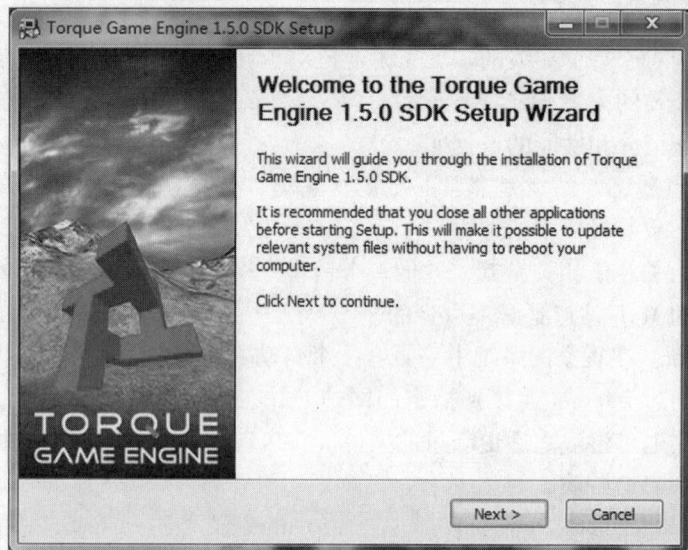

图 1-14　安装提示框

（2）单击"Next"按钮，打开许可协议对话框。认真阅读协议后，可单击"I Agree"按钮。如图 1-15 所示。

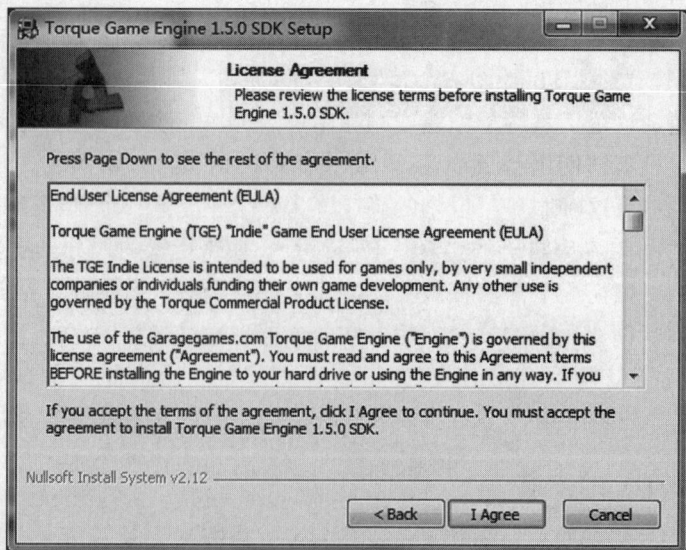

图 1-15　许可协议对话框

（3）在"Choose Components"对话框中，选择所需安装组件。如图 1 - 16 所示。选择完成后单击"Next"按钮。

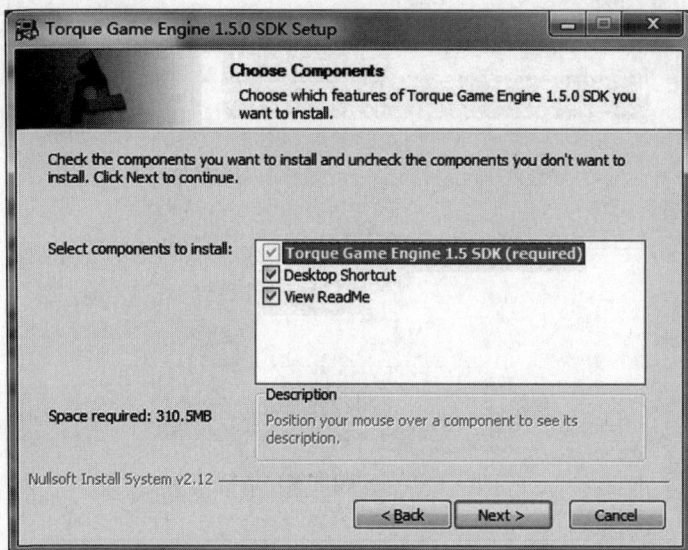

图 1 - 16　选择组件对话框

（4）在"Choose Install Location"对话框中，在"Destination Folder"中输入想要安装的文件夹目录，用户也可以点击"Browse"按钮选择安装路径。如图 1 - 17 所示。单击"Install"按钮后，打开安装进度对话框。如图 1 - 18 所示。

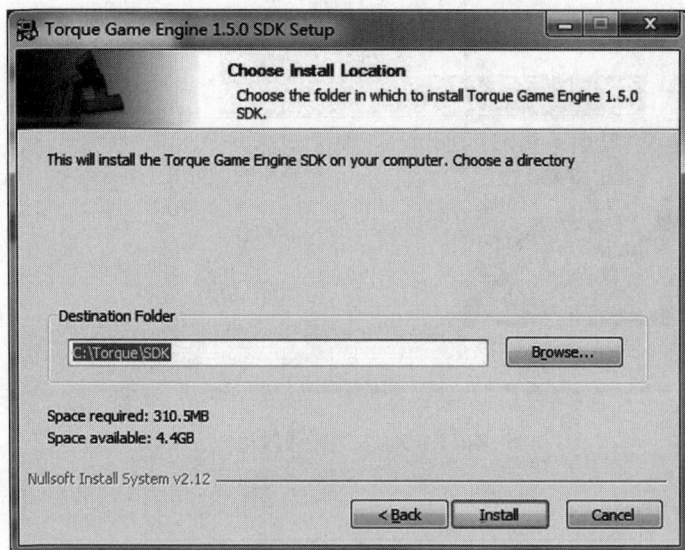

图 1 - 17　选择安装路径对话框

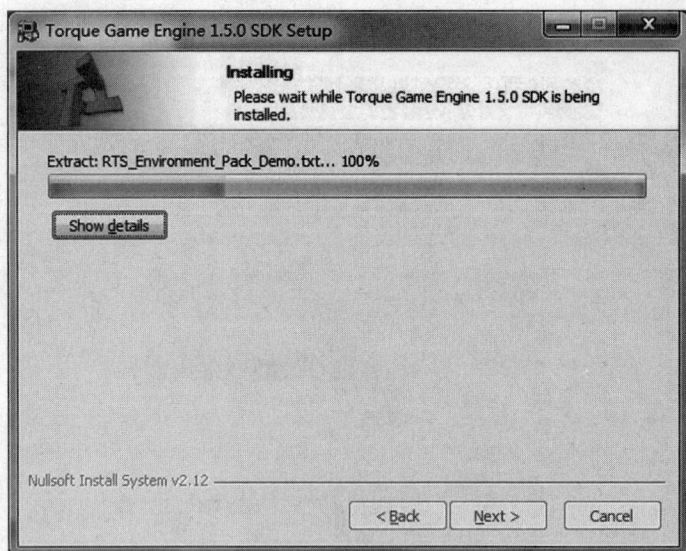

图 1-18　安装进度对话框

（5）等待安装完成后，单击"Finish"按钮，即可完成"Torque Game Engine 1.5.0 SDK"的安装。如图 1-19 所示。

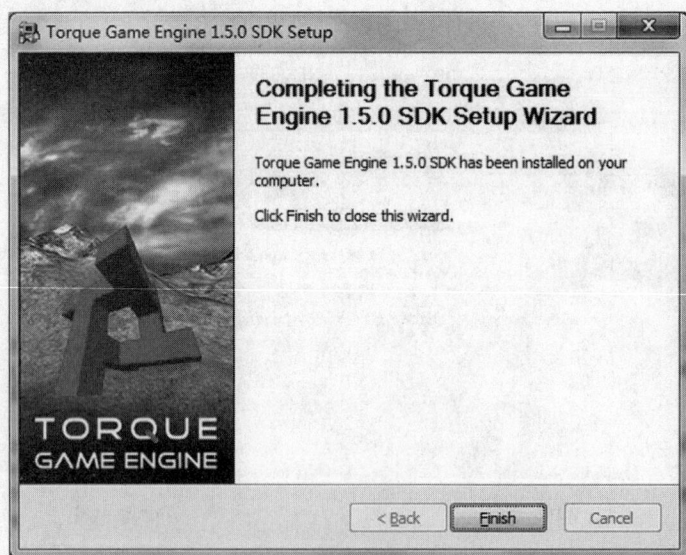

图 1-19　安装完成对话框

2. Torque 的文件夹结构

安装完后，大家一起了解一下已经安装好的程序所包含的内容。首先，打开 Torque SDK 所在的文件夹，如 C:\Torque\SDK。该文件夹的内容如图 1-20 所示。

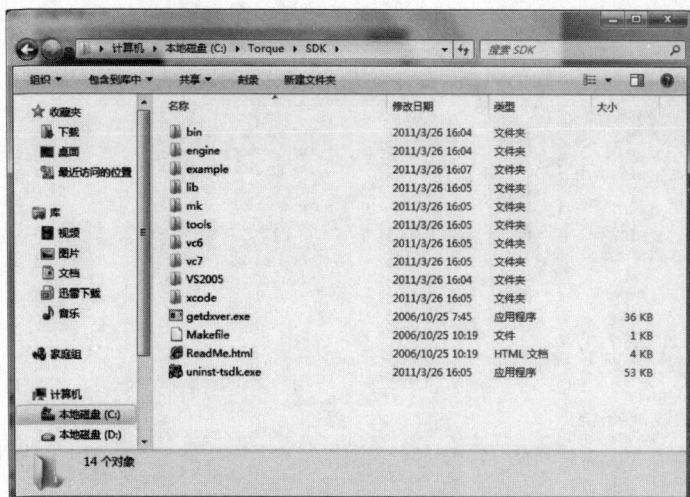

图 1 -20 Torque SDK 文件夹

在初次接触 Torque Game Engine 时，作为引擎的使用者只需要关心 example 文件夹即可，双击打开 example 文件夹。如图 1 - 21 所示，example 文件夹中包括了 Torque Game Engine 引擎的相关介绍和两个使用 Torque Game Engine 引擎制作的游戏，starter. fps 和 starter. racing。用户可以通过"开始→Torque Game Engine 1. 5. 0 SDK"找到相关运行程序。

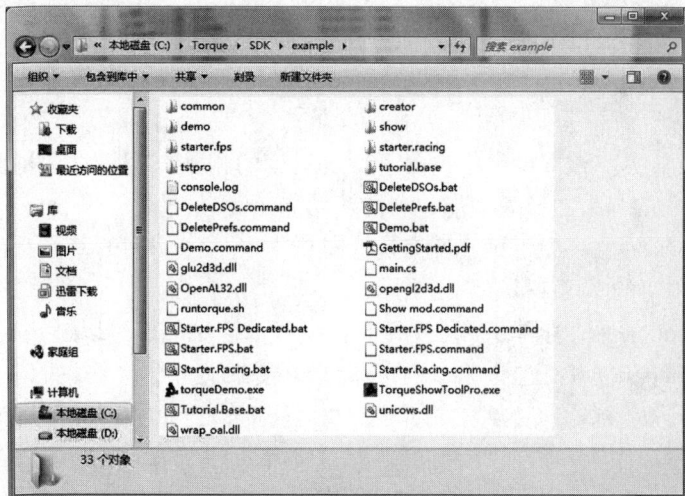

图 1 -21 SDK 中的 example 文件夹

（1）Common 文件夹。该文件夹里包含的是有关游戏的一些公共代码。这些公共代码对于不同游戏类型在本质上是一样的，其中包含了所有游戏运行时需要的最基本的脚本代码。结构内容如图 1 -22 所示。

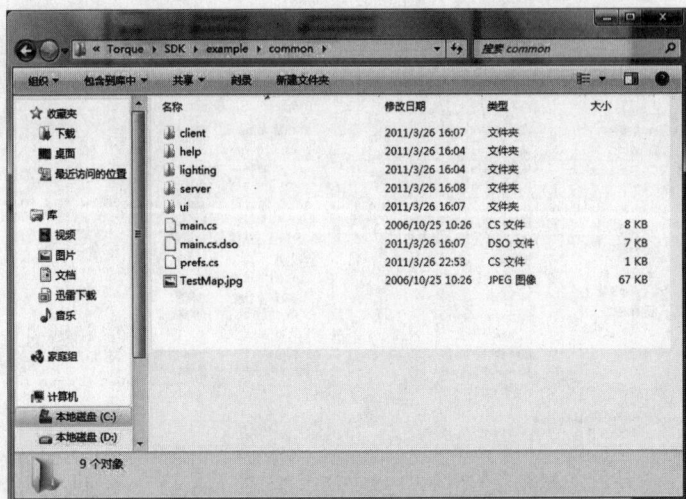

图 1-22 example 中的 common 文件夹

其中 client 文件夹包含了客户端脚本，包括客户端和服务器的通信；server 文件夹包含了基本的服务器支持脚本，包括服务器和客户端的通信；lighting 文件夹包含材质的动态光等；help 文件夹包含了客户端的帮助页面；ui 文件夹包含了游戏内嵌工具使用的各种 GUI 控件和材质。

（2）Creator 文件夹。该文件夹中包含了游戏中的世界编辑器内容，它允许我们在游戏中直接进行编辑，比如为游戏世界添加各种建筑物、树木等对象。

（3）Show 文件夹。该文件夹中的内容，涉及控制摄像头移动等操作，暂时不会去修改它们。

（4）Demo 文件夹。该文件夹中包含了游戏引擎的相关介绍，采用浏览的方式向我们展示了 Torque 引擎的强大图像表现能力和游戏功能。

（5）Tutorial.base 文件夹。该文件夹是针对初学者学习使用的基本文件夹，用户可以通过对该文件夹内容的学习来掌握和使用 Torque。

（6）torquedemo.exe。编译好的可执行文件，双击该文件即可以进入用户制作的游戏。

（7）GettingStarted.pdf。这是 GarageGames 公司专门为初学者提供的学习文档。

（8）Main.cs。这个文件相当重要，当游戏运行时，引擎会首先调用该文件，进行一系列设置。

（9）Console.log。该文件是日志文档，用来保存游戏运行期间的相关信息。该文档可以用记事本直接打开，作用很大，如当游戏出错时可以用该文件来查看发生错误的信息。

3. 启动 Torque SDK

选择"开始"菜单—"程序"—"Torque Game Engine SDK"—"Torque Tutorial Base"，打开游戏进入窗口，如图 1-23 所示。如果已经在桌面上创建了 Torque Tutorial Base 的快捷方式，可以直接双击桌面上的 Torque Tutorial Base 快捷图标启动软件。

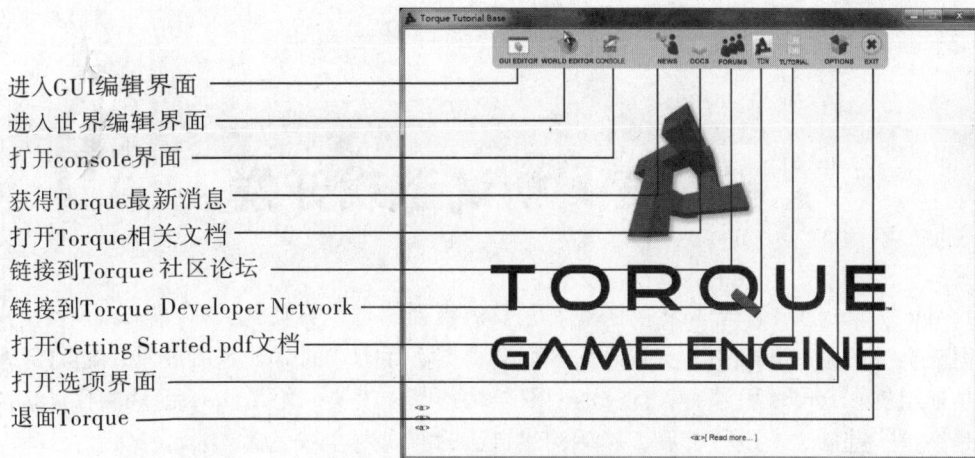

进入GUI编辑界面
进入世界编辑界面
打开console界面
获得Torque最新消息
打开Torque相关文档
链接到Torque社区论坛
链接到Torque Developer Network
打开Getting Started.pdf文档
打开选项界面
退面Torque

图1-23　Torque SDK 启动界面

思考练习题

1. 游戏主要有哪些类型，各自的特点是什么？
2. 在游戏的开发过程中，需要哪些不同的角色？
3. 什么是游戏引擎，Torque 引擎的特点是什么？
4. 按照本章内容，实现 Torque SDK 的安装。

第二章　初试游戏开发

Torque 引擎提供了一套默认的游戏元素及编辑器组件，方便用户制作 Demo 和用户学习，但在实际的游戏开发中，游戏开发者们会根据实际游戏的需要定制相应的游戏元素和其他功能组件。Torque 引擎有着优秀的引擎架构和基础模块，用 Torque 引擎制作游戏需要的就是在这一基础之上进行扩展，然后构建自己的游戏内容。

第一节　初识引擎

一、起始界面

我们需要了解一下安装好的程序里都有什么内容。同时了解一下在现阶段，我们在制作游戏的过程中，哪些内容是基本的，必须使用的，那些内容是将来会使用到的。我们如何来开始进行游戏开发呢？

1. 游戏初始化配置

（1）找到 Torque 游戏引擎的安装目录，打开 example 文件夹，这里面有引擎自带的几个 Demo，选中 tutorial. base 文件夹，然后将其复制粘贴，把粘贴的文件夹重命名为 mygame 作为我们的游戏目录。如图 2 - 1 所示。

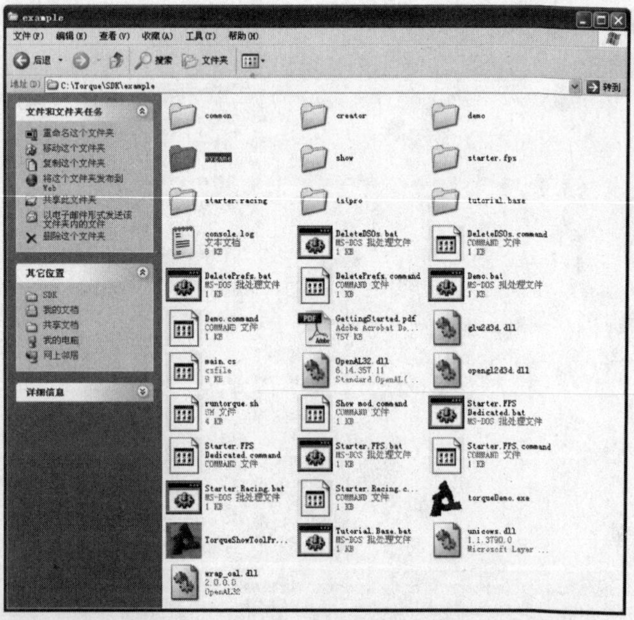

（2）用文本编辑器（可用记事本）打开 example 文件夹下的 main. cs，可以看到第一行脚本：

$defaultGame = "tutorial. base"；

把它修改为：$defaultGame = "mygame"；

当我们运行 torqueDemo 的时候，它就知道在 mygame 目录里查找我们的游戏资源，保存并关闭 main. cs。

（3）再用文本编辑器打开 example\mygame\main. cs 进行一些修改。

图 2 - 1　复制 tutorial. base 文件夹生成 mygame 文件夹

首先，找到 onStart 函数，作如下修改：

function onStart（）

{//Initialize the client and the server

Parent :: onStart（）；

initServer（）；

initClient（）；

$Editor :: newMissionOverride = "mygame/data/missions/flat. mis"；}

我们的游戏文件夹改了，但是脚本下场景编辑器载入的还是原来的

$Editor :: newMissionOverride = "tutorial. base/data/missions/flat. mis"；

我们将其改为：

$Editor :: newMissionOverride = "mygame/data/missions/flat. mis"；

其次，找到 initClient 函数，将其中词句：

initCanvas（"Torque Tutorial Base"）；

修改为：

initCanvas（"Torque Mygame!"）；

该项值为游戏窗体的标题栏。

最后，找到 loadMyMission 函数，将其中词句：

createServer（"SinglePlayer", expandFilename（". /data/missions/gameonemission. mis"））；

修改为：

createServer（"SinglePlayer", expandFilename（". /data/missions/mygame. mis"））；

loadMyMission 这个函数创建一个模拟服务器以及开始一个新的游戏，当在 GUI 上调用 loadMyMission 函数时，便会加载 ". /data/missions/mygame. mis" 这个任务。

2. 设置游戏主界面

（1）进入 example 文件夹，运行 torqueDemo. exe，将会弹出一个游戏进入的窗口。如图 2－2 所示。

屏幕上方有 10 个图标按钮。如图 2－3 所示。

图 2－2　游戏进入窗口

图 2－3　10 个图标按钮

CUI EDITOR：进入 GUI（图形用户接口）编辑器界面；

WORLD EDITOR：进入世界编辑器界面；

CONSOLE：打开 console（控制台）界面；

NEWS：获得关于 Torque 的最新消息；

DOCS：打开 Torque 的相关文档；

FORUMS：链接到 Torque 的社区论坛；

TDN：连接到 Torque Developer Network；

TUTORIAL：打开 GettingStarted. pdf 文档；

OPTIONS：打开选项界面；

EXIT：退出 Torque。

（2）把一张事先做好的主界面图片 bg. TIF（JPG、PNG ...）放到 mygame\client\ui 目录下。

（3）按 F10 进入 GUI 编辑模式，出现第一个主界面 MainMenuGui，点击右上栏的 MainMenuGui。

（4）下拉右下栏到 Misc 区，点击 bitmap 项的地址最右边的 "..." 导入图片 bj. TIF 或者修改地址后点击 "Apply"，这样主界面就修改好了。如图 2-4 所示。

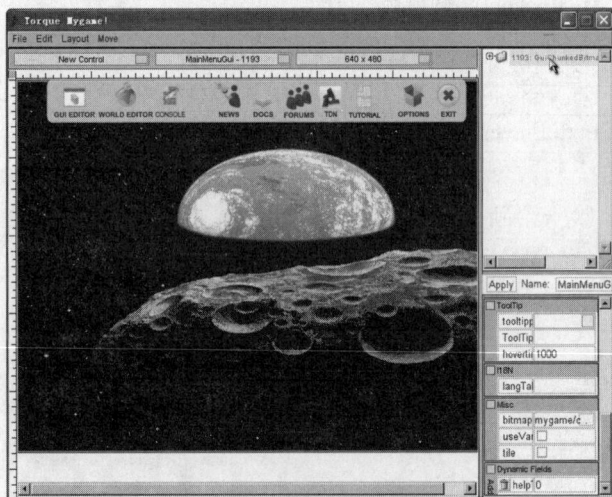

图 2-4　修改游戏主界面

（5）点击 File 菜单的 Save Gui ...，并选好目录 mygame\client\ui 再点击 Save 按钮。

（6）按 F10 退出编辑器并退出 Torque，现在重新启动 torqueDemo，将再次回到开始界面，这样修改好的主界面也就保存下来了。

下面在界面中加入一个能开始游戏的 Start 按钮。

（1）启动 torqueDemo. exe 后，按 F10 进入 GUI 编辑模式。

（2）点击 New Control，在下拉菜单中选择 GuiButtonCtrl，你可以看到一个新的按钮出现在 GUI 菜单的左上角。

（3）把它拖动到一个让人看起来觉得更加舒服的地方，接下来在右下方窗口中找到

Misc 区的 text 项，键入 "Start" 并点击 "Apply"。

（4）现在按钮上显示的就是 Start 了，但是如何让它能真的启动游戏呢？在 Parent 区的 command 项中填入 "loadMyMission（）"，点击 "Apply"。这个脚本函数就会在按钮被按下的时候运行了。前面四步的效果如图 2-5 所示。

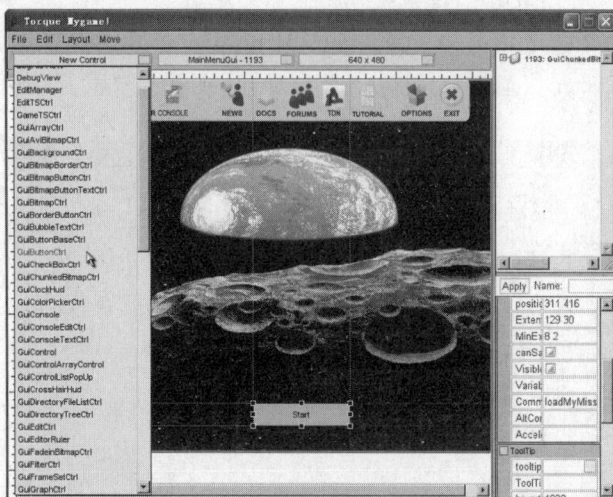

图 2-5 Start 按钮及其功能

（5）点击选择 File > Save GUI ... 选项将其保存在 mygame\client\ui 目录下。这样在主界面我们就添加了第一个文字按钮了。当我们在 GUI 上点击这些按钮时，就会调用 mygame 目录下的 main. cs 文件中的 loadMyMission 函数，从而加载 ". /data/missions/ mygame. mis" 这个任务。

（6）再按 F10 退出 GUI 编辑模式，就会显示每次我们启动游戏的主界面了，点击 "Start" 按钮就会进入游戏场景，点击 "EXIT" 图标按钮就会退出游戏。如图 2-6 所示。

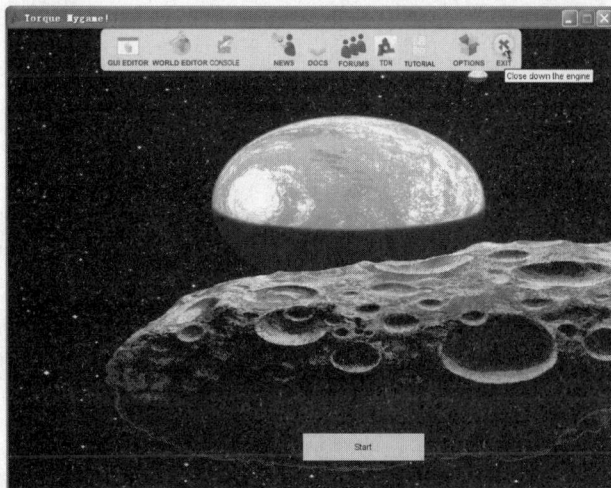

图 2-6 游戏主界面

二、营造场景

进入游戏世界编辑器界面，构建简单场景。双击 C：\Torque\SDK\example 目录下的 torqueDemo. exe 文件，进入游戏设计。此时将会弹出如图 2 - 6 所示的游戏主界面，点击 "Start" 按钮或者 "world Editor" 图标按钮进入游戏世界。

文件加载后（这个速度相当快），进入了我们的第一个游戏世界。如图 2 - 7 所示。注意，此时处于世界编辑器状态下，按 F11 键可以屏蔽或显示 "世界编辑器" 菜单。

图 2 - 7 进入游戏世界

目前，我们的游戏世界空无一物，我们将通过不断地添加物品对象来丰富它。地面是枯燥的蓝、白棋盘格材质，以后我们会将其换成我们需要的如草地、沙地等令人满意的材质。

在开始丰富我们的游戏世界前，先花点时间熟悉一下 Torque 里的移动。通过 Camera→Toggle Camera（快捷键 Alt + C）转换为第一人称游戏视角。W、S、A、D 是我们相当熟悉的前、后、左、右移动的操作按键，space（空格）键为跳跃按键；按住鼠标右键左右移动鼠标可以环视游戏世界；按 Tab 键，可以切换到第三人称视角（追尾视角），大多数游戏开发者更喜欢这个视角。

在编辑游戏的时候，我们更希望以 "上帝" 视角来观察游戏世界，便于添加物品，因此，再次使用 Camera→Toggle Camera（快捷键 Alt + C）转换到 "上帝" 视角。该状态下可以快速在游戏世界里飞翔。

注意：天空中漂浮的灰色正方体是游戏玩家的出生点。

接下来，让我们尝试着改变一下游戏世界里一马平川的地形吧。首先，确保处于 "上帝" 视角下，选择 Window→Terrain Editor，现在在屏幕中移动鼠标，你会发现鼠标周围有一群绿色（或者红绿相间）的小正方形，这些小正方形覆盖的区域就是你可以进行地形调整的区域。按住鼠标左键并向上拖动，一个小山出现了，如图 2-8 所示。非常棒，根据表的内容继续熟悉地形操作，就可制作一个你满意的富有幻想的游戏场景！

图 2-8 游戏世界里地形的编辑

注意：在你编辑地形的时候，可能会遇到如下问题：你所控制的玩家化身可能会掉到地面之下！不用担心，如果发生上述情况，请选择 Camera→Toggle Camera 回到"上帝"视角，然后移动摄像头到地表以上某个位置，选择 Camera→Drop Player at Camera 选项（快捷键 Alt + W）。好了，你的玩家又回到地面上了。如果你离地面过高，会有一个下落的过程。

现在让我们把这个令人讨厌的蓝、白棋盘格换掉吧。在 Window→Terrain Texture Painter 选项中，找到屏幕右侧纹理窗口中左上角的那个，就是显示棋盘格子的纹理，单击"Change"按钮，选择 GameOne\data\terrains 文件夹下的 sand. TIF 文件，并单击"Load"按钮，地面变成了沙漠。

光是沙漠就能满足我们的欲望么？当然不是。接下来再弄出点草地。单击 sand 纹理下面空纹理窗口下面的"Add..."按钮，这里需要注意的是在 Terrain Texture Painter 中添加纹理一定要按顺序进行！这次，选择 patchy. TIF 然后 Load。把鼠标移动到游戏世界的地表，点击一下，你会发现你的画刷覆盖的地方的纹理变成了沙草混合纹理了，并且绿草区域和临近的沙子区域自动混合好了。如图 2-9 所示。

现在，请选择 File→Save Mission As... 选项，选择 GameOne\data\missions 文件夹，将我们刚刚完成的工作保存为 mygame. mis。记住，随时保存完成的工作是非常好和必要的习惯。如图 2-10 所示。

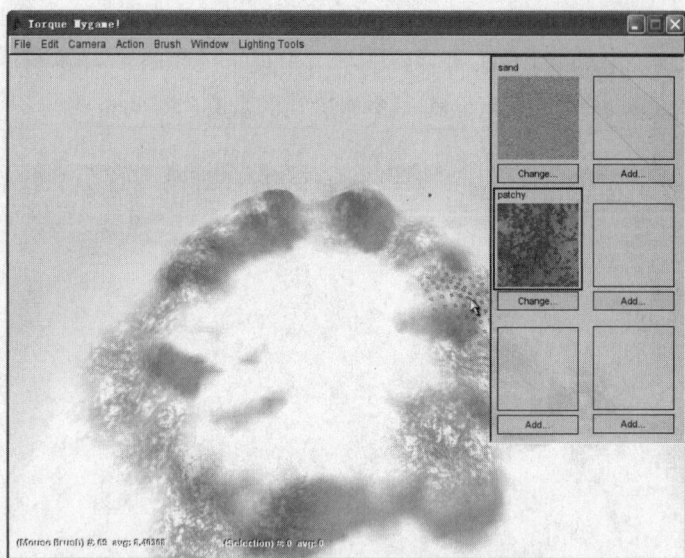

图2-9 游戏世界地面条纹的编辑

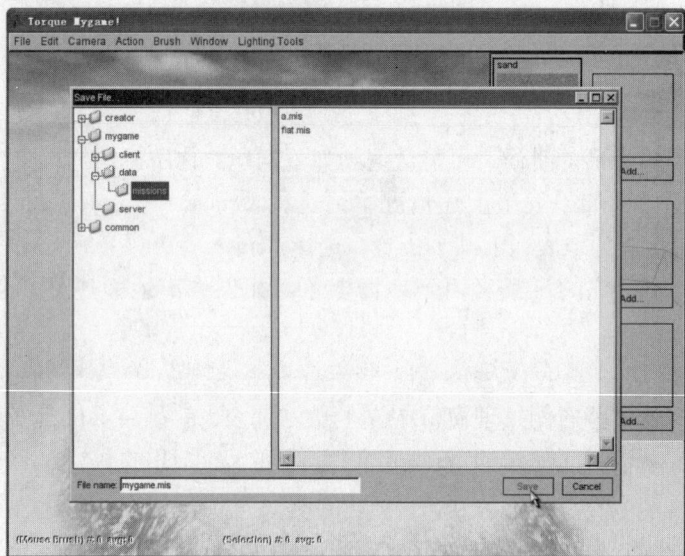

图2-10 保存界面

　　如果保存后再选择 File→Quit 选项退出游戏，会回到我们的主界面，而点击"Start"按钮就会进到我们刚才构造的游戏世界中。

　　如果你愿意，请尽情地在你创建的游戏世界里奔跑一下。嗯，你可能注意到了，当你低头看脚下附近的地方时，会觉得纹理非常模糊，这绝对是令玩家郁闷的事情。幸好，Torque 允许我们使用另一种纹理——细节纹理，它是一种只在近处看得到的纹理。请选择 Window→World Editor Inspector 选项，然后选择右上方窗口中的 MissionGroup 组下面的 Terrain—TerrainBlock 对象。这时，所有关于 Terrain 的数据会出现在右下方的 Inspector 窗口中。在 media 区找到 detailTexture，点击右边的"..."按钮，选择 GameOne\data\terrains\detail1. png 文件，单击"Load"。现在再来看看地面，这才是我们想要的效果！保存我们的游戏场景，接下来我们将在游戏世界中添加更多的物体。

第二节 场景对象

一、场景对象的编辑

先确保处于"上帝"视角下，选择 window→World Editor Creator 选项，在右上窗口的内容同"World Editor Inspector"一样，以树状结构显示场景中的已有对象，而下半部分"Creator Window"显示出一系列可以放置到场景里的对象。由于默认的对象放置模式是"Drop at Screen Center"，因此调整视点对准你要放置对象的大致地方，精确的位置可以在"Inspector"中进行设置。

准备就绪，开始添加游戏对象。在右下方窗口，点击 Shapes 左边的"+"号展开树形结构，再展开 Items，这里有一个 TorqueLogoItem 对象。点击该对象，在游戏世界中创建一个 Torque 的三维 Logo 对象。在 Logo 对象周围包围着一个黄色的盒子，表明该对象处于选中状态。它下面的数字是其 ID 号，也就是句柄，（null）是该对象的名字。没有名字的对象不会对游戏造成任何影响，但是具有合理有效的名字不是更好么？此外，代表 X、Y、Z 坐标轴的箭头可以按住并拖动，从而改变对象在游戏世界的位置（坐标）。如图 2 – 11 所示。

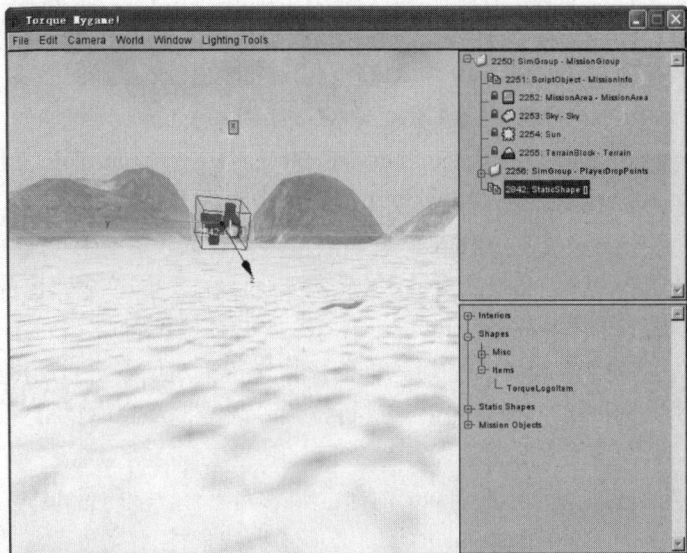

图 2 – 11 游戏世界中三维 Torque Logo 的创建

拖动对象的确很方便，但是不精确，Alt + 左键，可旋转对象，Alt + Ctrl + 鼠标左键可缩放对象。摆放游戏对象可使用游戏世界的坐标，选择 Window→World Editor Inspector，在右边上面的窗口可以找到 MissionGroup，它包含了已经出现在我们游戏中的所有对象。如果没有看到它的列表内容，就点击它左边的"＋"号。在 mygame 文件夹（复制于 tutorial. base 文件夹）中，Torque 已经为我们创建了最基本的元素，如 MissionArea（游戏的任务区域）、Sky（游戏的天空盒子对象）、Sun（太阳对象）、Terrain（游戏的地形对象）以及 PlayerDropPoints（玩家的出生位置），还有我们刚刚创建的 TorqueLogoItem 对象。点选其中任何一个对象，你会在右边下部的窗口看到该对象的全部属性。

注意：如果在你打开 inspector 窗口之前已经选择了这个刚刚创建的 StaticShape 对象的话，你只需要先点选一下树形结构的其他对象，然后再点选回来就可以查看它的所有属性了。

在 Inspector 状态下，我们可以对选定的对象进行诸如位置、大小、旋转等一系列变化设置。试着把 scale 从"1 1 1"改成"2 2 2"，然后按"Apply"按钮确定。好了，我们的对象整整变大了 8 倍！你问我为什么是 8 倍而不是 2 倍？这里指的是它的体积扩大 $2^3 = 8$ 倍。如果你不喜欢，没问题，按 Ctrl + Z 撤销刚才的操作，请记住这个快捷组合键，它非常有用。在"Apply"按钮右边的文字输入框可以为该对象命名，请输入 logo，按"Apply"确定。这时，你会发现原来没有名字的时候，在游戏中该对象上面显示的是一个数字 ID（这个数字是该对象的句柄，在游戏中是唯一的，通过它可以访问该对象并进行相关操作）和 null 字段，输入 logo 并 apply 后，null 变成了 logo 字段。

注意：这个操作不会对游戏的设计有任何的影响，但是为每个对象指定一个名字也不是坏事，应该养成这个习惯，便于查找。我们继续在游戏世界里放置 logo，总共 3 个，然后一起来做一个搜集 logos 的小游戏。

如果现在就开始我们的收集游戏则显得太简单了一些，当然，这是指我们这个空旷的游戏场景，尽管我们已经在地表铺上了沙子和草坪等材质，并制作了一些小山包。好，那我们就再添加一些建筑物。Torque 中，建筑物是用 . dif 文件保存的，放在 data\interiors 文件夹下。下面就用 Torque 自带的 interiors 丰富一下我们的游戏场景吧。选择 window→World Editor Creator，在右下窗口的 Interiors→GameOne→data→interiors 文件夹中，像创建 logos 操作一样，点击"box"，屏幕中央就出现了一个大的 box。

注意：这时你会发现新创建的 box 对象是黑色的，表面没有任何材质。这需要我们重新渲染一下游戏场景，可以采用两种方法：第一种是在屏幕下方弹出的询问框中点击"yes"；另一种方法是选择 lighting→Relight Scene。以后每当新创建 interior 类型对象或者是移动 interior 对象的时候，都需要通过这样的操作进行游戏场景的重新渲染。

创建出来这个 interior 的 box 对象后，进行位置等调整，直到你觉得满意为止，我相信你不会让 box 的一半在地面上，另一半却在地面下吧？该 box 对象有一个门，你可以直接控制你的玩家化身通过这个门进入到 box 内部。如果你愿意，放一些 logo 在 box 里。

现在，请选择 File→Save Mission As ... 选项，将我们刚刚完成的工作进行保存。记住，随时保存完成的工作是非常好和必要的习惯。

二、组织对象

在继续制作之前，先介绍一下如何组织你的游戏对象。首先让我们看一下 MissionGroup

列表，目前虽然添加了一些对象的列表稍显臃肿，不过还不算太难管理。但是，你的游戏不会仅仅就这些对象就足够了吧？当你完成一个内容丰富、十分优秀的完整游戏时，想一想，这个列表会有多大！你可能已经开始挠头了。所以，我们迫切需要类似文件夹的方式组织管理我们的游戏对象，Torque 已经为我们准备好了，这就是 SimGroups 命令。

要创建 SimGroup，在 World Editor Creator 右下窗口里的 Mission Objects 目录下的 system 文件夹中，找到 SimGroup 对象，点击一下，在弹出的对话框中，输入你需要的名字。这里我们先填写"logos"，点击 OK。在右上部的窗口中，把前面创建的所有 logo 对象拖拽到 Logos（SimGroup）目录下。还有，刚才我们创建的 interior 类型的对象还没有命名，现在给它起个满意的名字吧。如果你添加了多个 interior 对象，那么为这些对象建立一个类似 building 的 SimGroup 不是很好么？好啦，现在你的 Mission Objects 树形结构整洁多了吧？如图 2-12 所示。

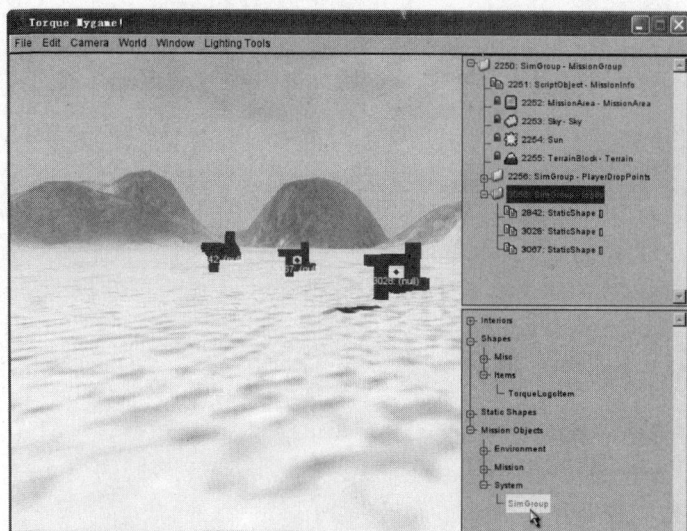

图 2-12 Mission Objects 树形结构

注意：我们完全可以先建立 SimGroup，再在里边创建我们需要的对象，这更符合我们的工作习惯。按住 Alt + 鼠标左键单击创建好的 SimGroup 文件夹，该文件夹会变成绿色，说明该文件夹是默认的创建对象的文件夹，即所有后来创建的对象都位于该文件夹下，很方便吧。

现在，请选择 File→Save Mission As … 选项，选择"GameOne\data\missions"文件夹目录，将我们刚刚完成的工作保存为"mygame. mis"。

第三节 脚本与搭建游戏

实现简单积分功能的小游戏。

（1）启动 torqueDemo 后，点击"Start"按钮就会进到我们设计的游戏世界中，按 F10

进入 GUI 编辑器，现在我们开始添加分数计数器。在"New Control"下拉菜单中选择 GuiTextCtrl。如图 2 - 13 所示。

图 2 - 13　添加分数计数器

（2）选中插入到游戏界面中的新控件，在这个新控件右下方的 Inspector 窗口中作一些修改：Name：ScoreCounter（在 Apply 按钮旁边的输入框）。再点击 Parent 节中的 profile 按钮，选择 GuiBigTextProfile。这是一个显示大文字的标准格式。

（3）接着在 General 区的 text 域里填入"score：0"，并点击"Apply"。你可以看到你的分数变成一个大的漂亮的文字了。把它放在一个你看起来舒服的位置并检查它在不同分辨率下的显示效果。如果需要的话，你可以把"HorizSizing"和"VertSizing"都设置为"relative"，固定其位置。

（4）保存我们的游戏界面，选择 File > Save GUI ... 选项，把它存放在"mygame\ client\ui\playGui. gui"目录下。现在我们的 GUI 可以观看了，下一步就是运用脚本实现积分功能。

（5）打开 mygame\server\logoitem. cs 文件，其文件内容如下：

datablock StaticShapeData(TorqueLogoItem)

{ category = "Items" ;

shapeFile = " ~ /data/shapes/3dtorquelogo/torque_ logo. dts" ; } ;

在这里面你可以看到 TorqueLogoItem（torque 的立体 LOGO 模型）数据块定义，数据块定义包括了游戏对象的一些特殊信息。

（6）现在我们要向 mygame\server\logoitem. cs 文件添加脚本。在服务端，我们要在 TorqueLogoItem 里添加一些功能，目标是在玩家碰到 ToqueLogoItems 的时候，它们会有一些适当的行为。把下面的代码输入到 mygame\server\logoitem. cs 文件中并保存它，注释里介绍了它的作用：

```
function TorqueLogoItem :: onCollision( % this , % obj , % col )
```
{//这句确定：如果与我们的logo物体相撞的是一个玩家
```
if ( % col. getClassName ( ) $ = "Player")
```
{//定义了一个%client变量来存取碰撞该logo物体的玩家的客户端
```
% client = % col. client ;
```
//以下两行是增加这个客户端的分数并发送一个包含分数的消息给客户端
```
% client. score + + ;
```
//这里发送客户端控件名为logojifen的记分命令
```
commandToClient ( % client , 'SetScoreCounter' , % client. score ) ;
```
//将被撞的logo物体移出游戏
```
% obj. delete ( ) ;
```
//检查logos物体的simgroup看看在游戏中还剩下几个logos物体
```
% logoCount = logos. getCount ( ) ;
```
//如果没有logos剩余的话，我们就发消息告诉客户端我们胜利地完成了游戏
```
if ( % logoCount > 0 )
{ return ; }
else
```
{//否则屏幕上显示胜利
```
commandToClient( % client , 'ShowVictory' , % client. score ) ; } } }
```

代码解析：任何一个有数据块定义的对象都有一个onCollision函数，它会在这个物体和另外一个物体相撞的时候自动被调用。

引擎会传三个参数给你：%this：数据块；%obj：自己的对象；%col：和你相撞的对象。

正如你想知道的，如果一个变量以%开头，则表示这个变量是局部变量（以$开头的是全局变量）。

如果你不知道是什么意思的话，也不用担心，这并不妨碍你的理解。

onCollision函数总是在服务器端被调用，而不是在客户端，这就是我们总是要发送消息给撞了这个logo物体的玩家的客户端的原因。

这也是这个函数位于server目录下的原因，下一步我们就要写一些客户端的代码来对付这些消息了。

（7）在客户端，我们要新开一个脚本文件。打开mygame\client目录并创建一个新的文本文件，命名为："clientGame. cs"，把下面的代码敲入你的文件中并保存：

//接收得分指令信息
```
function clientCmdSetScoreCounter ( % score )
```
{//向GUI显示控件名上的前缀"Logo:"
```
ScoreCounter. setText ( "Score:" SPC % score ) ; }
```
//接收胜利指令信息
```
function clientCmdShowVictory ( % score )
```

```
{MessageBoxYesNo ("You Win!",
                  "Would you like to restart the game?",
                  "loadMyMission ();",
                  "quit ();");
```

//接收到客户端 GUI 调用的 loadMyMission 函数后就会加载 game1. mis 这个任务了！

//调用 quit ()；命令—退出游戏 }

(8) 把这些代码和我们 onCollision 函数的下面两行对比一下：

commandToClient (％client,'SetScoreCounter',％client. score);

和 commandToClient (％client,'ShowVictory',％client. score);

注意：我们创建的客户端函数的名字和服务器函数 commandToClient 的第二个参数一样，只是在这个名字前面加了一个 "clientCmd" 前缀。客户端函数本身非常简单，SetScoreCounter 函数把分数显示在 PlayGui 的显示界面上，ShowVictory 函数打开一个信息框，询问玩家是否重新开始游戏。

(9) 我们就要完成脚本工作了，最后要做的是确认 clientGame. cs 会被载入。打开 mygame\main. cs 文件并找到 initClient 函数里的 "Client scripts" 节，在这节代码列的下面添加以下一行代码：exec ("./client/clientGame. cs")；就可以加载该文件了。

第四节　试玩游戏

启动 torqueDemo 进入游戏，点击 Start 进入游戏，从头到尾尽情地玩一遍，在你的游戏世界中四处游荡一下，碰碰你的 3 个 logo 对象。它们是否正常运行？如果还没有，请重新检查前面的操作，看看是哪里出现了错误。你要检查一切可能会在游戏中出错的地方并修正它们，也就是所谓的修正 bug。一个优秀的游戏是不应该有 bug 的，虽然不容易实现。在我们做的这款小游戏中，你会发现，当在游戏界面中添加了 GuiTextCtrl 控件，用来显示我们的分数时，鼠标就不能用了，只能用键盘来控制游戏。这是游戏本身的一个 bug。我们需要修改 mygame\client\ui\playGui. cs 文件，把最前面的一节内容改为下面内容即可：

```
profile = "GuiContentProfile";
horizSizing = "right";
vertSizing = "bottom";
position = "0 0";
extent = "640 480";
minExtent = "8 8";
visible = "1";
cameraZRot = "0";
forceFOV = "0";
noCursor = "1";
helpTag = "0";
```

现在，你应该对 Torque 引擎的强大功能有了一个深刻的印象了吧。用它来制作一款属于你自己或团队的并且有特色的游戏并不是一件难事，只要你相信自己，拥有足够的热情和坚强的毅力，你和你的团队就一定会获得成功！

第五节 Torque 文件组织结构

当你完成了你的第一个小游戏后，你已经对 Torque 的世界有了直观的认识，对游戏的文件组织结构有了大致的了解。

当使用 Torque 游戏引擎创建游戏时，Torque 有满足自己要求的文件夹结构模式，在此基础之上，你可以灵活地使用各种自己喜欢的方式来组织它们。这里推荐使用 example 文件夹中的结构形式。Torque 设计的游戏结构非常直观、科学，其基本结构如图 2-14 所示。

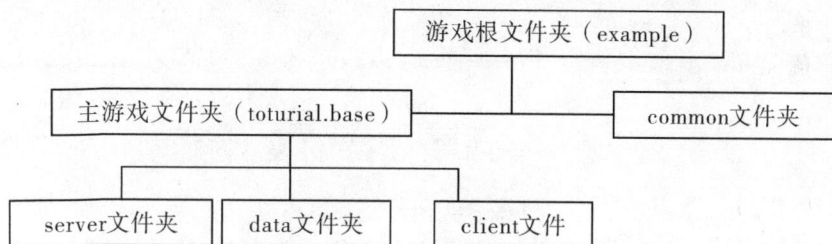

图 2-14 Torque 文件组织结构

example 文件夹下的 main. cs 文件必须与 torqueDemo. exe 文件放在一起，即游戏的根文件夹下。

tutorial. base 文件夹下包括 main. cs 文件、client、data 和 server 文件夹，如图 2-15 所示。

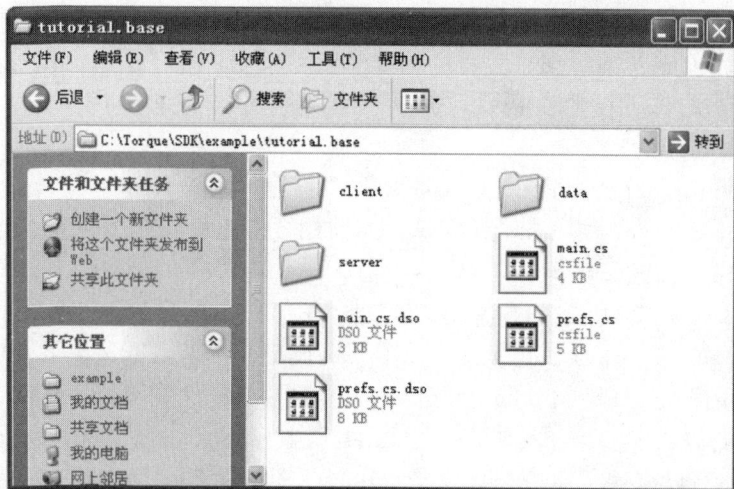

图 2-15 tutorial. base 文件夹

对我们初学者而言，游戏根文件夹（example）下接触最多的是 main. cs 文件、conlose. log 文件和 torqueDemo. exe 文件。main. cs 文件非常重要，游戏运行时首先要调用该文件。需要注意的是，在 torque 游戏文件夹树中还会出现好几个 main. cs 文件，为了便于区分，我们使用"根 main. cs"文件称呼它。conlose. log 文件是日志文件，记录了所有游戏运行时候的信息，通过它可以方便地查找游戏中的事件，直接使用记事本程序就可以查看它的内容。

torqueDemo. exe 是已经编译好的可执行文件，对于初学者，我们暂时不会进行引擎源代码的修改，也就不会重新编译该可执行文件。当然，你可以使用任何一个你喜欢的属于你自己游戏的名字来重新命名它。如 game. exe，通过"重命名"命令即可实现。

注意：当启动 TGE 游戏时，该可执行文件会寻找和它位于同一级文件夹下的 main. cs 文件，即"根 main. cs"文件，因此它必须与"根 main. cs"文件放在同一级文件夹下。

主游戏文件夹下存放的全部是跟游戏相关的内容。Server 文件夹下放置的是服务器端脚本代码。Data 文件夹下放置的是游戏中的所有资源，包括图片、声音、模型等；Client 文件夹下放置的是客户端脚本代码。

第六节　Torque 支持的文件类型

游戏是一门艺术，它创造性地将其他多种艺术形式有机地融合在一起，为玩家带来愉悦的体验。因此，制作一款优秀的游戏，需要大量丰富的资源。同其他游戏引擎一样，Torque 也需要使用它支持的各种资源进行游戏制作，下面我们来了解一下 Torque 所支持的资源类型。

一、. cs 和 . cs. dso 文件

TorqueScript（Torque 脚本）是 Torque 引擎中最具革命性的工具，它是一种语法类似 C + + 的面向对象的程序设计语言，提供了对 Torque 引擎内几乎所有组件的访问方法。而且它的功能非常强大，用户很少需要对引擎进行源代码级的修改，因为使用 Script 基本可以实现你的全部想法！

你可以使用任意自己习惯的文本编辑软件编写 TorqueScript 代码，这里推荐使用 Torsion 集成开发环境，具体用法可见附录。如使用记事本编写的 test. txt 文件，把文件名改成 test. cs 即可，就这么简单。

每次运行 Torque 游戏时，Torque 会自动编译相应目录下的 . cs 文件，. cs 文件经过编译成为 . dso 文件，该文件为二进制文件并不可以反汇编（注：Torque 游戏的工作原理为运行游戏时，引擎先编译同 Torque 可执行文件在同一文件夹下的 main. cs 文件，生成 main. cs. dso 文件，再继续编译其他 . cs 文件，并覆盖已有的 . dso 文件。如果没有发现 . cs 文件，则直接运行已有的 . dso 文件。这样，在游戏发布时删掉 . cs 源文件可保护自己的源代码）。

二、.gui 和 .gui.dso 文件

.gui 文件是用来描述 GUI（Graphic User Interface，图形用户接口）的脚本文件。GUI 对任何一款游戏来说都是非常重要的，没有 GUI 的游戏是无法想象的。而 GUI 制作得是否优秀将直接影响到玩家对该款游戏的第一印象，也会在很大程度上影响该款游戏的畅销与流行程度。.gui 文件可以通过 Torque 自带的 GUI 编辑器进行可视化制作，这是相当直观而且简单的方法，推荐大家使用这种方式来制作 .gui 文件。当然，你也完全可以直接使用撰写代码的方式来完成该工作，只要编写的代码符合规范。它们的关系就如同制作网页的时候，是选择使用 Dreamweaver 这样简单易用的软件来制作，还是按照 HTML 的规范格式直接撰写代码的方式来制作一样。同 .cs 文件运行后会被编译成 .cs.dso 文件类似，.gui 文件运行后会被编译成 .gui.dso 文件。

三、DTS 格式文件

Torque 中使用的模型格式主要有两种：一种是表现普通对象的 DTS 格式，包括角色、车辆、岩石等物品；另一种是表现建筑物对象的 DIF 格式。DTS（Dynamix Three Space）是 Torque 用来显示 3D 对象的文件格式。所有可交互的 shapes（图形），如玩家角色、车辆和武器等，以及静态环境如植被、岩石等必须以 DTS 格式放入游戏场景中。我们需要使用三维建模软件，如 3DSMAX、Maya 和 MilkShape 等进行对象的多边形建模，然后使用 garagegames 公司提供的插件如 max2dtsExporter.dle 等将模型导出为 .DTS 格式，这样才可以在我们的游戏中使用。

四、DIF 格式文件

Torque 中使用术语 Interior（内景）来描述游戏中的建筑物。很遗憾，这里不是很清楚为什么使用该术语，而不是大家更加熟悉的 Building（建筑物）。也许它想表明的是可以实时走进里面的对象。没关系，这仅仅是术语上的问题，不会对我们的工作造成任何麻烦。DIF（Dynamic Interior Format）格式是由 map2dif 插件生成的一种二进制文件格式，它提供了有关的碰撞检测、光照检测和二叉树空间算法。该文件的源文件是 .map 文件，可以使用 3DWS、Hammer 等工具进行建模。这里推荐使用 garagegames 公司推出的专门工具 Constructor，目前是 1.0.3 版本。

五、材质文件

Torque 支持多种位图文件类型：PNG、JPEG、GIF、BMP，以及用户自定义的 BM8 格式，这是一种用于最小化纹理内存开销的颜色为 8 位的纹理格式。通常我们只使用 PNG 和 JPEG 格式，使用 Photoshop 等图像编辑软件进行制作。

六、音乐和音效文件

Torque 支持使用 .wav 和 .ogg 格式的声音文件。
.wav 格式是常用的音频文件格式。

.ogg 是一种先进的有损的音频压缩格式，正式名称是 Ogg Vorbis，是一种免费的开源音频格式。OGG 编码格式远比 20 世纪 90 年代开发成功的 MP3 格式先进，它可以在相对较低的数据速率下实现比 MP3 更好的音质。此外，Ogg Vorbis 支持 VBR（可变比特率）和 ABR（平均比特率）两种编码方式，还具有比特率缩放功能，可以不用重新编码便可调节文件的比特率。Ogg 格式可以对所有声道进行编码，支持多声道模式，而不像 MP3 格式只能编码双声道。多声道音乐会带来更多临场感，欣赏电影和交响乐时更有优势，这场革命性的变化是 MP3 无法支持的。而且，未来人们对音质的要求不断提高，Ogg 的优势将更加明显。

思考练习题

1. 按照本章内容，设计 mygame 小游戏。
2. 试着按自己的想法设计游戏场景，尝试新的关卡或任务，完善 mygame 游戏。
3. .cs 文件与 .cs.dso 文件有何关系，.cs.dso 文件有何作用？
4. Torque 引擎支持使用哪几种声音文件，各有何特点？
5. 试述 Torque 引擎的文件夹结构模式。

第三章　游戏编程基础

在游戏开发中常常用到脚本，因为脚本允许即时创建代码，可以实现管理和控制游戏引擎或形式化游戏规则等功能，而无须程序员重新编译程序代码去测试它们。在 Torque 中，修改或者添加脚本是相当简单的操作。只要告诉 Torque 重新加载脚本，立即就可以看到相应的结果。脚本语言是一种编程语言，它可以很好地完成工作，同时使代码的编写变得简单。

Torque 脚本语言是一种类 C/C++ 语言，因此它的语法和 C 语言非常相似。Torque 脚本语言是一种面向对象的语言，也有类（clsss）与对象（object）的概念，可以看作是编程语言的另外一种进化。

第一节　Torque Script 的概念与术语

Torque Script 是一种相当灵活的语言，它在很大程度上提供了现代编程语言几乎所有的特性和功能。它将基于对象的范式及过程化方法与语法完美地结合在一起，精通 C/C++ 的人非常熟悉这种模式，很容易上手。当今流行的游戏引擎（包括 Torque），最主要的技术就是它们的脚本化能力。

Torque 引擎有自己的编译机制，通过这种编译机制，它会把脚本语言（.cs 文件）编译成二进制编码文件（.cs.dso）。这样我们就不用关注编译过程，只需专心编写游戏即可。因此，你可以直接进行代码的编写，而不用花时间去考虑诸如数据类型或者内存管理是如何进行的等底层的原理。同时，脚本语言允许直接修改代码，而不需要重新编译。这是脚本语言的主要优点之一。当然，其缺点也是显而易见的，脚本语言没有 C++ 运行速度快！

现代游戏开发中更多地使用脚本语言。事实上，绝大多数游戏程序员都采纳了这个观点：优先考虑使用脚本语言编写代码，绝对需要时才使用 C++ 代码编写。这种观念同选择 C++ 语言和汇编语言一样，绝大多数情况下开发者使用 C++ 语言，绝对需要时才使用汇编语言。

具备脚本语言是现代游戏引擎一个强有力的特征，充分利用脚本语言的优势开发游戏是游戏程序员必须掌握的技能！既然脚本语言非常有用，那么如何使用脚本语言？它究竟为我们提供了多少功能？下面是一个游戏脚本语言应该具备的特征：

1. **基本编程语言特征**

脚本语言具备所有现代编程语言的基本特征，如变量类型、基本操作（加法、减法等）、标准控制语句（if-then-else、for、while 等）和子程序（函数、子文件等）。

2．引擎结构接口

这是非常重要的特征，在游戏脚本语言的环境下，必须为其提供可以对引擎核心功能操作的接口。该脚本系统允许访问渲染、声音、物理、AI（人工智能）和 I/O（输入输出）系统，还必须可以进行创建和删除对象以及定义新函数等操作。

3．其他非常好的特性

相似和一致的语法构成。这指的是脚本语言的语法结构应该同绝大多数程序员熟悉的语言相似，如 C 或者 C ＋＋语言，同时保持相同的编写规则。

4．面向对象的功能

面向对象编程是软件工程领域的一场革命，支持面向对象的脚本语言具有许多优点：

（1）封装：提供对代码和数据限制访问的方法。

（2）继承：提供创建新对象的方法。

（3）多态：不用考虑对象默认的行为，无论该对象继承于引擎对象还是脚本对象。

（4）"On-demand" 加载函数：为什么不将所有代码载入内存？除了能够节省内存之外，脚本语言允许动态加载和卸载函数，这使得程序的运行十分流畅。

（5）提高脚本运行速度：脚本代码通常不被编译，往往在运行的时候被解释。许多常用脚本语言（PERL，TCL，VB Script，Java）的共同特征是具备将脚本语言编译成 pcode 的能力。这种 pcode 在虚拟机上执行，它的好处体现在文件大小和运行速度这两方面，pcode 通常体积更小并且执行得更快。

第二节　Torque Script

Torque Script 非常类似于 C/C ＋＋语言，但是两者之间也存在一些差别。Torque Script 中不存在类型，唯一的例外是在考虑数字和字符串的时候，不必在声明变量的时候为变量预分配存储空间。

使用 Torque Script 可以控制游戏中的每个环节，从游戏规则和非玩家特征行为，再到玩家得分统计和车辆运动的模拟等。脚本包括语句、函数声明和包声明。

在 Torque Game Engine（TGE）的脚本语言中，很多语法与 C/C ＋＋一样，二者之间的关键词集非常相似。然而，和大多数的脚本语言一样，变量不被强制定义类型，而且人们在使用变量之前也不必预先声明。如果在对变量赋值之前读取这个变量的值，您得到的将是一个空字符串或者是零，具体情况要看是把这个变量当作字符串变量还是数字变量。

引擎的规则是负责在各种值的脚本表示和引擎的内部表示之间进行转换。大多数情况下，一个值的正确的脚本格式是显而易见的：数字是数字，字符串是字符串，标记值 true 和 false 分别用于代表 1 和 0 以便增强代码的可读性。更复杂的数据类型将包含在字符串中；使用这些字符串的函数必须知道如何解释这些字符串中的数据。

一、Torque Script 编程基础

在编程之前，先搭建 Torque 引擎的脚本运行所需的简易后台程序。您可将如下文件拷到一个文件夹内：引擎可执行文件 torqueDemo. exe；动态链接库文件，包括 opengl2d3d. dll、openal32. dll、wrap_ oal. dll、glu2d3d. dll。

做脚本调试运用时，把脚本放在一个文件中，必须将其命名为 main. cs，并保存在上面所建的同一文件夹中，脚本文件可用记事本来创建。如图 3 - 1 所示。

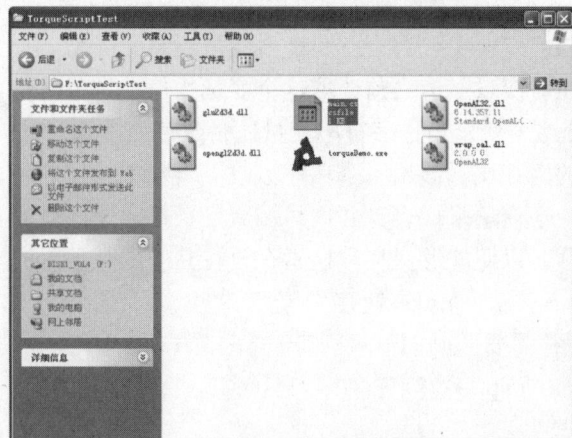

图 3 - 1　Torque Script 的基本文件组织结构

我们的第一个程序是输出单词 Hello World，现在用记事本来创建一个名为 main. cs 的文件并把它保存到指定的文件夹下，或如图 3 - 1 所示的位置。在 main. cs 中输入如下代码：

enablewinconsole（1）; //开启控制台窗口

function hello（）

{echo（"Hello World"）; //输入一个"Hello World"，然后让它显示出来}

hello（）;

双击 torqueDemo. exe，就会运行 main. cs 文件，结果如图 3 - 2 所示。

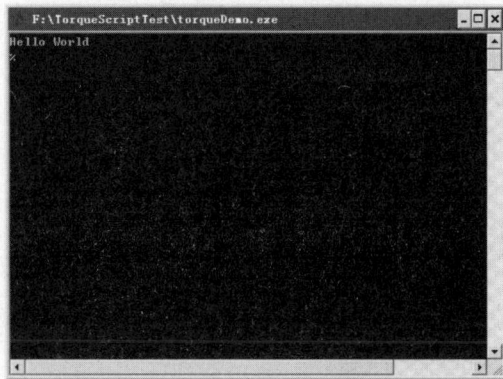

图 3 - 2　main. cs 文件运行结果

在光标提示符位置输入：quit ( ) ;，即退出运行。

二、变量

Torque Script 中的变量有两种：全局变量和局部变量。局部变量在离开它的作用域后会被自动清除。比如一个函数，我们在其中定义了一个局部变量，那么，只要该函数运行结束，这个局部变量就会马上被清除掉。这时，我们称变量已经离开它的作用范围。全局变量则在整个程序中都有效。

Torque Script 专门为全局变量和局部变量定义了标识符，% 定义局部变量，$ 定义全局变量，很容易区分。与 C + + 代码不同，变量不被强制定义类型，而且在使用变量之前也不必预先声明。如果在对变量赋值之前读取这个变量的值，您得到的将是一个空字符串或者 0，具体情况要看把这个变量当作字符串变量还是数字变量。

变量是保存数据的内存块。假设一个程序接收一组数字并把它们加起来，那么它会对输入的每个数字都用一个变量来代表，并用另一个变量代表这些数字的和。我们对这些内存区域赋予不同的名称，以便能够保存和检索存放在其中的数据。这就像高中数学，老师会这样教我们"假设 v 代表弹球的速度"等，这里 v 就是变量的标识符（或名称）。Torque Script 中的标识符需要遵循如下规则：

（1）不能是 Torque Script 关键字；

（2）必须以字母开头；

（3）只能由字母、数字和下划线（_）组成。

关键字是 Torque 中有特殊含义的合法标识符，表 3 – 1 中给出了关键字列表。出于 Torque 标识符的考虑，下划线被当作是一个字母数字字符。下面是几个有效的变量标识符：

isOpen　Today　X　the_result　item_234　NOW

下面的标识符是不合法的：

5input　miles-per-hour　function　true　+ level

表 3 – 1　Torque Script 关键字

关键字	说　明
break	中断循环的执行
case	在 switch 块中表示一种选择
continue	使循环从头开始继续执行
default	在 switch 块中表示没有任何选择可以匹配的情况
do	表示 do-while 类型循环块的开始
else	表示 if 语句的另一个执行路径
false	其值为 0，是 true 的相对值
for	表示 for 循环的开始
function	表示其后的代码块是一个可随时调用的函数

关键字	说　明
if	表示一个条件（比较）语句的开始
new	创建一个新的对象数据块
return	表示从一个函数返回
switch	表示 switch 选择语句的开始
true	其值为 1，是 false 的相对值
while	表示 while 循环的开始

选择使用什么样的标识符是由程序员决定的。一般来说应使标识符对程序有意义而且能够表明程序正在执行的任务是什么，尽量使用有意义的标识符。另外要注意的是，Torque 并不区分大小写。由相同字符组成的小写变量和大写变量在 Torque 中是一样的。

通过赋值语句为变量赋值：

$bananaCost = 1. 15；

$appleCost = 0. 55；

$numApples = 3；

$numBananas = 1；

注意：每个变量的前面都有一个美元符号（$）前缀，这是作用域前缀，表明变量具有全局作用域，可以在程序的任何位置访问它，比如在所有的函数内部，甚至是所有函数的外部和别的程序文件中。

Torque 中还有另一个作用域前缀：百分号（%）。带有这个前缀的变量是局部的，这意味着由这类变量代表的数据只能在一个函数内部被访问，而且是只能在指定它们的函数中使用。

在下面的例子中，可以通过这样的表达式计算水果的数量：

$numFruit = $numBananas + $numApples；

而计算购买水果的总花费可以通过如下表达式：

$numPrice = ($numBananas ∗$bananaCost) + ($numApples ∗$appleCost)；

下面是完整的程序，可以自己运行一下。

```
// == = = = = = = = = = = = == = = = = = = = ==== = = = = = = = ==


//main. cs
//
//This module is a program that prints a simple greeting on the screen.
//This program adds up the costs and quantities of selected fruit types
//and outputs the results to the display
// == = = = = = = = = = = = = = = = = = = = = = = = = = = ==
enablewinconsole（1）；
```

```
function Fruit ( )
{ $bananaCost = 1. 15; //initialize the value of our variables
$appleCost = 0. 55; // (we don't need to repeat the above
$numApples = 3; //comment for each initialization, just
$numBananas = 1; //group the init statements together. )
$numFruit = 0; //always a good idea to initialize * all * variables!
$total = 0; // (even if we know we are going to change them later)
echo ("Cost of Bananas (ea. ): $" @ $bananaCost);
//the value of $bananaCost gets concatenated to the end
//of the"Cost of Bananas": string. Then the
//full string gets echoed. same goes for the next 3 lines
echo ("Cost of Apples (ea. ): $" @ $appleCost);
echo ("Number of Bananas:" @ $numBananas);
echo ("Number of Apples:" @ $numApples);
$numFruit = $numBananas + $numApples; //add up the total number of fruits
$total = ( $numBananas * $bananaCost) +
( $numApples * $appleCost); //calculate the total cost
// (notice that statements can extend beyond a single line)
echo ("Total amount of Fruit:" @ $numFruit); //output the results
echo ("Total Price of Fruit: $" @ $total@ "0"); //add a zero to the end
//to make it look better on the screen }
Fruit ( );
```

把这个程序按照保存 Hello World 程序的方法保存。把文件命名为 main. cs 并运行该程序以查看结果。请注意，星号"＊"表示乘法，而加号"＋"表示加法。这些运算符以及用于表示计算优先级的圆括号，将在本章的后面进行讨论。

三、字符串

字符串常量由单引号或双引号包含。单引号包含的字符串表示标记（tagged）字符串，这是一种需要通过网络连接进行传输的特殊字符串类型。在最开始时，计算机会一次发送整个字符串；接下来，无论任何时候需要再次使用这个字符串，计算机所发送的内容仅仅是用于标志这个字符串的标记（tag）。这样就可大大减少游戏对带宽的消耗。

双引号或（标准）字符串没有加标记，因而，无论何时用到字符串，对用到字符串的任何操作都必须为包含在字符串中的所有字符分配存储空间。如果通过连接传送一个标准字符串，那么每一次都必须传送字符串中的所有字符。消息字符串是被作为标准字符串进行传送的。因为它们在每次传送时都发生了改变，所以为对话消息创建标记 ID 号就显得用处不大了。

字符串中可以包含格式化代码，如表 3 - 2 所示。

表 3 - 2　Torque Script 字符串格式化代码

代　码	说　明
\r	嵌入一个回车符
\n	嵌入一个新行符
\t	嵌入一个制表符
\xhh	在 x 之后嵌入表示十六进制数（hh）的 ASCII 字符
\c	为在屏幕上显示的字符串嵌入一个色彩代码
\cr	恢复显示的色彩的默认值
\cp	把当前显示的颜色压入堆栈
\co	把当前显示的颜色弹出堆栈
\cn	用 n 作为索引引用由 GUIContrlProfile. fontColors 定义的颜色表中的颜色

在 Torque 中，字符串其实是唯一的变量类型，数字和文本都是以字符串的形式保存的。在处理时它们是被当作数字还是文本取决于程序中使用的是什么样的运算符。

正如我们看到的一样，与字符串有关的两种基本操作是赋值和连接，示例如下：

% myFirstName = " Ken " ;

% myFullName = % myFirstName @ " Finney" ;

在第一行代码中，字符串"Ken"被赋值给变量% myFirstName，接着字符串"Finney"被连接（或者说添加）到变量% myFirstName 的后面，而结果被赋值给变量% myFullName。对这些东西都很熟悉，是吗？好，再看看下面的代码：

% myAge = 30 ;　　　　　　　// （actually it isn't you know！）

% myAge = % myAge + 12 ;　　　//getting warmer！

此时，变量% myAge 的值是 42，也就是 30 和 12 的和。再看看下面这行具有迷惑性的代码：

% aboutMe = "My name is"@ % myFullName @ "and I am"@ % myAge @ "years old. " ;

你肯定能够确定变量% aboutMe 的内容。没错，这个值是一个长字符串"My name is Ken Finney and I am 42 years old. "其中，数值作为文本而不是数字插入。

实际发生的情况是，Torque Engine 根据代码的内容判断您希望进行的操作，在把数字添加到字符串中时会把它们转换成字符串值。

还有一种类型的字符串变量称为标记字符串（tagged string）。这是 Torque 为减少客户端和服务器之间的带宽需求而使用的一种特殊格式的字符串。

四、对象

对象是对象类的实例，它是一组属性和方法的集合体，这些属性和方法定义了对象的行为和特征。Torque 中的对象是对象类的实例。在创建后，Torque 中的对象具有一个唯一数字标识，称为句柄。如果 2 个句柄变量具有相同的数字值，则表明它们指向的是同一个对象。对象的实例在某种程度上可以被认为是这个对象的一个副本。

当对象存在于一个含有单个服务器和多个客户机的多玩家游戏的环境中时，服务器和每个客户机都要为对象在内存中的存储空间分配自己的句柄。注意数据块（datablock，一种特殊的对象）的处理方式不同。

注意：方法是通过对象来访问的函数。不同的对象类可以有公共的方法，也可以有自己特有的方法。实际上，不同的类可以具有名称相同的方法，但是如果使用的对象不一样，方法的行为也会完全不同。

属性是属于特定对象的变量，并且像方法一样，可以通过对象对其进行访问。

1. 创建对象

在创建一个对象的新实例时，我们可以在 new 语句代码块中初始化对象的各项属性，如下所示：

% handle = new InteriorInstance ( )

{ position = "0 0 0" ;

rotation = "0 0 0" ;

interiorFile = % name ; } ;

创建对象时，新创建的 InteriorInstance 对象的句柄被赋值给了% handle 变量。当然，我们也可以使用任何喜欢的变量名，只要这个名字是合法的而且还没有被用到，比如% obj，% disTing 等。

注意：在前面的例子中% handle 是个局部变量，因此仅在有限的范围内即函数内部是有效的。一旦内存被分配给了新的对象实例，引擎就会按照嵌入在 new 代码块中的语句初始化对象的各项属性。一旦拥有了对象唯一的句柄，就像上面的例子中赋给% handle 变量的值一样就可以使用这个对象了。

2. 使用对象

要使用或控制对象，我们可以通过对象的句柄访问它的属性和函数。如果对象的句柄包含在局部变量% handle 中，那么可以使用下面的这种方式来访问对象的属性：

% handle. aproperty = 42 ;

通过句柄访问对象并不是访问对象的唯一方式，还可以通过赋予对象一个名称的方式来进行。对象可以用字符串、标识符以及包含字符串或标识符的变量来命名。例如，如果需要使用的对象被命名为 MyObject，那么下列 4 个代码段（A、B、C、D）的功能是完全一样的：

A　　　MyObject. aproperty = 42 ;

B　　　"MyObject". aproperty = 42 ;

C　　　% objname = MyObject ;

　　　　% objname. aproperty = 42 ;

D　　　% objname = "MyObject" ;

　　　　% objname. aproperty = 42 ;

这些例子给出了访问对象属性的各种方法，我们可以按照同样的方式来调用对象的方法（函数）。

注意：这个对象的名称 MyObject 是一个字符串，而不是变量。在这个标识符的前面并没有%或 $前缀。

3. 对象函数

我们可以这样调用一个通过对象引用的函数：

%handle. afunction(42," arg1" ," arg2");

注意：函数 afunction 也可以作为%handle 所指的对象方法来引用。在前面的例子中，名为 afunction 的函数将被执行。在脚本语言中可以有多个被命名为 afunction 的函数实例存在，但是每个函数必须属于不同的命名空间（namespace）。将要执行的 afunction 函数的具体实例将按照对象的命名空间和命名空间层次结构进行选择。要了解命名空间的更多情况，请参看下面的补充说明。

命名空间

命名空间是定义变量的正式上下文的一种方式。运用命名空间允许我们使用名称相同的不同变量，而不会使游戏引擎或者我们自身产生混淆。

回忆前面关于变量作用域的讨论，大家一定记得有两个作用域：全局作用域和局部作用域。全局作用域的变量带有前缀" $"，而局部作用域的变量带有前缀"%"。使用这样的符号，程序中可以存在两个变量——比如，$maxplayer 和%maxplayer——并能同时使用，但是它们的用法和意义是完全相互独立的。%maxplayer 只能在特定的函数中使用，而 $maxplayer 可以在程序中的任何地方使用。这种独立性就像拥有两个命名空间。

实际上,%maxplayer 在不同的函数中可以反复使用，但它所保存的值仅能在特定的函数中使用。此时，每个函数都相当于它自己的命名空间。

我们可以通过类似下面的特定前缀把变量分配到任意的命名空间中：

$Game :: maxplayers

$Server :: maxplayers

我们也可以拥有属于同一命名空间的其他变量：

$Game :: maxplayers

$Game :: timelimit

$Game :: maxscores

位于" $"和" ::"之间的标识符可以是任意的——实际上它是一个限定符。通过限定随后的变量，它为变量设置了一个有意义的上下文。

正如函数拥有事实上的命名空间（局部作用域）一样，对象也有它们自己的命名空间。对象的方法和属性有时候被称为成员函数或成员变量。"成员"表示它们是对象的组成部分。成员关系定义了方法和属性（成员函数和成员变量）的上下文，同时也定义了它们的命名空间。

于是，不同的对象类可以具有相同名称的属性，当然，它们仅仅属于该类下的对象。也可以生成一个对象的多个不相同的实例，每个实例的方法和属性只属于这个实例。

在下面的例子中：

$myObject. maxSize

$explosion. maxSize

$beast. maxSize

maxSize 属性具有三种完全不同的意义。对 $myObject 来说，maxSize 也许意味着它可以运送的物体的最大数量；对 $explosion 来说，它也许意味着爆炸半径有多大；对 $beast 来说，它也许意味着这个动物有多高。

当对象的函数被调用的时候，传递的第一个参数是指向包含此函数的对象的句柄。因而，在前面的例子中，afunction 函数的定义在参数列表中实际上有 4 个参数，其中的第一个是 %this 参数。

注意：当调用 afunction 方法时，我们仅仅用到这 4 个参数中后面的 3 个。实际上调用函数时，与 %this 参数相对应的第一个参数值会被自动插入。也许大家比较熟悉 C/C++ 中 this 令牌的用法，在 Torque 中它没有任何特别的地方。按照以前的惯例，这个变量名通常用于在函数中表示包含该函数的对象的句柄，但是实际上可以为这个参数任意指定名称。

如果想访问对象的某项属性，必须使用对象的句柄或者对象名，并在后面加上一个点号和属性的名称，就像前面的 A、B、C 和 D 代码段一样。唯一的例外是当使用 new 语句创建一个新对象时初始化对象的属性不用这样做。

五、数据块

数据块是一种特殊的对象，这个对象包含一组特征，这些特征用于描述另一个对象的属性。数据块对象同时存在于服务器以及和它相连接的客户机上。无论是在服务器还是在客户机上，每个特定的数据块副本都使用同样的句柄。

按照习惯，数据块通常使用 NameData 这种命名方式。VehicleData、PlayerData 和 ItemData 都是以这种方式命名数据块的例子。尽管数据块的确是对象，但在提到它们的时候，我们通常不直接称它们为对象，这是为了避免在语义上和普通的对象相混淆。

一个 VehicleData 数据块包含着许多用于描述速度、质量和其他能够用于 Vehicle 对象的特征。在创建 Vehicle 对象的时候，这个对象会引用一个已经存在的 VehicleData 数据块来进行初始化，这个数据块将告诉 Vehicle 对象如何做出各种动作。大多数对象在整个游戏过程中都会先被创建然后被删除，但是数据块一旦创建，就不会被删除。数据块有着自己特有的创建语法。

datablock ClassIdentifier（NameIdentifier）

{ InitializationStatements } ;

这条语句的值是创建出来的数据块的句柄。

ClassIdentifier 是一个已经存在的数据块类的名称，类似于 PlayerData。NameIdentifier 是所选择的数据块的名称。上面两种情况都必须使用有效的标识符。InitializationStatements

是一个赋值语句序列。

这些赋值语句将为数据块域标识符赋值。这些域的内容既可以被脚本代码访问，也可以被引擎代码访问——实际上这种情况很常见。当然，在这种情况下，必须为各个域分配合理的值，这个值对于它所保存的信息的类型必须是有意义的。

我们不必严格要求自己仅初始化那些可以被引擎代码访问（或随后将使用）的域，对象可以同时拥有其他的域，这些域不可以被引擎代码访问，但是必须能被脚本代码访问。

下面我们来创建数据块，数据块有其自己特有的创建语法。

Datablock DataBlockType(Name[:CopySoure])

{ Category = " CategoryName " ;

[datablock_ field0] = Value0 ;]

...

[datablock_ fieldM = ValueM ;]

[dynamic_ field0 = Value0 ;]

...

[dynamic_ fieldN = ValueN ;] } ;

其中：

Databolck：关键字，告诉引擎即将创建数据块对象；

DataBlockType：必须是一个已经在引擎中定义了的数据块类，如 PlayerData，继承自 GameBaseData 类或者它的子类。

Name：要创建的数据块的名字，可以使用我们任何希望的名字，但必须使用有效的标识符。

CopySoure（可选项）：指定了其他某个数据块的名称，所创建的数据块将在执行下面的赋值语句之前从这个数据块中复制域值。指定的数据块必须和所创建的数据块属于同一个类。如果想创建一个和某个预先创建好的数据块几乎一样的数据块（仅有很小的变化），或者想在一个数据块中集中定义一些特征，以便其他数据块可以反复复制其中的值，那么这种方法是有实用价值的。比如我们为游戏创建了 enemy 数据块，然后再创建一个 boss 数据块，大部分域值复制 enemy 数据块，而提高其中一些如生命、攻击、防御等属性的域值。看，这是不是很方便？

Category：关键字，告诉引擎将该对象放在 World Editor Creator 树形结构的位置。如果还没有该分类名，系统则会创建它。

datablock_fieldM：可以为数据块中任何或者全部的属性赋值。

dynamic_fieldN：可以为数据块对象添加引擎没有预先使用 C + + 代码定义的属性。

注意：Dynamic 属性是静态的，仅仅在 script 中存在。

最后，注意有一种创建数据块语法的变体：

datablock ClassIdentifier （NameIdentifier：CopySourceIdentifier）

{ InitializationStatements } ;

CopySourceIdentifier 指定了其他某个数据块的名称，所创建的数据块将在执行

InitializationStatements 之前从这个数据块中复制域值。由 CopySourceIdentifier 指定的数据块必须和所创建的数据块属于同一个类，或者是它的超类（superclass）。如果想创建一个和某个预先创建的数据块几乎一样的数据块（仅有很小的变化），或者想在一个数据块中集中定义一些特征，以便其他数据块可以反复复制其中的值，那么这种方法是有实用价值的。

为了加深理解，我们看下面两个例子：

Datablock PlayerData（enemySoldier）

{ Category = " Enemy " ;

ShapeFile = " ~/data/shapes/enemy/enemySoldier. dts " ;

Health = 100 ;

Attack = 10 ;

Defense = 10 ; } ;

这里，我们创建了一个名为 enemySoldier 的 PlayerData 数据块，指定分类名为 Enemy。这样我们就能在 World Editor Creator 的树形结构中的 shapes 下找到 enemy 文件夹，里边包含了 enemySoldier 对象，点击它就能在游戏世界中添加一个 enemy 对象实例。接着通过 ShapeFile 告诉引擎该数据块对象的模型文件的位置。最后为该数据块对象添加 3 个动态属性：生命（100）、攻击（10）和防御（10）。

注意：PlayerData 数据块在引擎中定义了许多域名并且指定了默认值，如果我们不初始化它们，将会使用默认值。通过上述方法，我们就得到了一个关于游戏中敌人士兵的数据块对象。

Datablock PlayerData（enemyBoss：enemySoldier）

{ ShapeFile = " ~/data/shapes/enemy/enemyBoss. dts " ;

Health = 300 ;

Attack = 20 ;

Defense = 20 ; } ;

通过上述代码我们又创建了一个名为 enemyBoss 的 PlayerData 数据块，该数据块继承自 enemySoldier 数据块。当我们再次打开 World Editor Creator 树形结构时，会在 enemy 文件夹下发现增加了 enemyBoss 对象，接着通过 ShapeFile 指定 enemyBoss 使用的模型的位置可以发现，显然 Boss 和 Soldier 的模型不一样。最后更改属于 enemyBoss 的属性：生命（300）、攻击（20）和防御（20）。哇，强了好多！

注意：在创建新的数据块对象时，一定不要忘记大括号后面的；（分号）。这和函数不一样，因此在代码出现问题时，首先要检查一下类似最基本的，却往往是最容易忽略的地方，数据块将是我们在游戏编程中打交道最多的对象。

六、运算符

表 3 - 3 列出了所有的运算符。在以后的学习中，此表将是一个非常好的参考资料。

表 3 –3　Torque 脚本运算符

符　　号	意　　义
＋	加
—	减
＊	乘
／	除
％	取模
＋＋	增 1 运算
－－	减 1 运算
＋＝	连加
－＝	连减
＊＝	连乘
／＝	连除
％＝	连取模
＠	字符串连接
（）	圆括号——运算符优先级提示
［］	方括号——数组索引定界符
｛｝	花括号——表示代码块的开始和结束
SPC	添加空格的宏（和＠" "＠的作用一样）
TAB	添加制表符的宏（和＠"\t"＠的作用一样）
NL	添加换行符的宏（和＠"\n"＠的作用一样）
～	（位非）反转 0、1 位
｜	（位或）两个操作位中只要有一个为 1 就返回 1
＆	（位与）两个操作位同时为 1 才返回 1
＾	（位异或）两个操作位中一个为 1，另一个为 0 时返回 1
＜＜	（符号位左移）把操作数的二进制表示向左移位，移动的次数由第二个操作数指定；右边以 0 补足
＞＞	（符号位右移）把操作数的二进制表示向右移位，移动的次数由第二个操作数指定，右边以符号位补足；丢弃移出的位
｜＝	两个操作数做位或运算并把结果赋值给左边的操作数
＆＝	两个操作数做位与运算并把结果赋值给左边的操作数
＾＝	两个操作数做位异或运算并把结果赋值给左边的操作数
＜＜＝	左移并把结果赋值给左边的操作数
＞＞＝	右移并把结果赋值给左边的操作数
！	计算操作数的相反数

（续上表）

符　号	意　义
&&	两个操作数都为 true 时才为 true，否则为 false
‖	两个操作数中只要有一个为 true 就为 true
= =	左操作数等于右操作数
! =	左操作数不等于右操作数
<	左操作数小于右操作数
>	左操作数大于右操作数
< =	左操作数小于或等于右操作数
> =	左操作数大于或等于右操作数
$ =	左字符串等于右字符串
! $ =	左字符串不等于右字符串
//	注释符——忽略其后直到行结束的所有文本
;	语句结束符
.	对象/数据块方法或属性定界符

运算符之间的功能差异很大。大家最熟悉的有加号（＋）和减号（－）。稍微陌生一点的是小学高年级数学中讲授的但在编程语言中出现时间比较短的乘法符号：星号（＊）。除法符号与手写的符号不同，是一条斜线（/）。功能强大的符号，如垂直管道"｜"符号，用于执行变量二进制形式的或（OR）计算。

有些运算符具有自描述性，或者表中的说明就足以让人完全理解它们。其他符号则需要解释一下，我们将在本章后面的几节中加以讨论。

运算符的优先级。与求值表达式有关的一个问题是计算的顺序。例如，对于表达式%a+%b*%c，是先计算乘法呢还是先计算加法？换一种说法，这个表达式是转换成%a+（%b*%c）还是（%a+%b）*%c？

Torque 和其他语言（例如 C/C＋＋）是通过对运算符赋以不同的优先级来解决这个问题的。优先级高的运算符将先于优先级低的运算符计算。优先级相同的运算符则按照从到右的顺序计算。到目前为止，使用过的运算符按优先级从高到低的排列顺序如下：

（）

＊　／　％

＋　－

＝

因此，表达式%a+%b*%c 在计算时可以转换成%a+（%b*%c），因为乘法（＊）的优先级比加法（＋）的优先级高。如果希望先计算加法，则可使用圆括号把原来的表达式转换成（%a+%b）*%c。

如果对运算符的优先级不是很确定，那么可以使用圆括号来指定计算的顺序。注意，两个算术运算符不能并列写在一起。

七、表达式

在写程序代码时，创建的大多数代码行或者语句都是可以计算的。一条语句可以是以分号结尾的任何单行 Torque Script，或者是由一组在左右括号内的语句组成的复合语句。这组语句和单条语句的行为一样，分号不跟在右括号的后面。下面是一条语句的例子：

print（"Hi there!"）；

另一个例子是：

if（%tooBig＝＝true）print（"It's TOO BIG!"）；

有效语句的最后一个例子是：

{print（"Nah！It's only a little motocycle."）；}

可以进行计算的语句称为表达式。一个表达式可以是一行单独的代码，也可以是一行代码的一部分。在 Torque 中，变量的值要么是数值，要么是文本（字符串）——两者的区别在于它们的使用方式不同。

下面是一个表达式：

5＋1；

表达式的计算结果是 6，也就是 1 和 5 相加的值。

下面是另一个表达式：

%a＝67；

这是一个赋值语句，但现在更重要的是，它是一个值为 67 的表达式。

再来一个：

%isOpen＝true；

这个表达式的计算结果是 1。为什么会这样？因为在 Torque 中 true 等于 1，另外，false 等于 0。我们一般会说语句的计算结果是 true 或 false，而很少说是 1 或 0。这取决于在具体的应用环境中怎样表达比较好。注意，语句的计算结果是由表达式中等号右边的部分决定的。每个表达式都是这样，没有例外。

考虑下面的代码片断：

%a＝5；

if（%a＞1）

如果%a 已经被赋值为 5，那么（%a＞1）的计算结果是 true。这行代码读做"如果%a 大于 1"。如果语句变成（%a＞10），结果将变成 false，因为 5 没有 10 大。

第 2 行语句的另一种写法是：

if（（%a＞1）＝＝true）

此时读作"如果语句%a 大于 1 为真"。然而，Department of Redundancy Department 可能已经编写过这样的代码，所使用的第一种方式更简洁一些。

1. 条件表达式

条件表达式或者称作逻辑表达式的计算结果只可能是两个值之一：true 或者 false。一种简单的逻辑表达式是一个条件表达式，该表达式针对某个给定的条件使用关系运算符组成一个语句。下面就是一个条件表达式的例子：

%x < %y

（读作%x 小于%y），如果变量%x 的值小于变量%y 的值，那么这个表达式的值就为 true。
条件表达式的一般形式是：

operandA relational_ operator operandB

这两个操作数可以是变量，也可以是表达式。如果某个操作数是表达式，那么 Torque 会计算该表达式的值并把它的值当作一个操作数。表 3-4 给出了在 Torque 中可以使用的关系运算符。

注意：对于只包含 true 和 false 的逻辑又称作布尔逻辑。

表 3-4　关系运算符

符　　号	意　　义
<	小于
>	大于
< =	小于或者等于
> =	大于或者等于
= =	等于
! =	不等于
$ =	字符串等于
! $ =	字符串不等于

注意：判断两个操作数相等使用的符号是"= ="，因为符号"="已经被用于为变量赋值。如果两个操作数满足运算符的关系，那么表达式的值就为 true，否则为 false。

（1）if 语句。在程序中基于条件选择下一步要做什么最简单的方式是使用 if 语句。

if 语句的一般形式是：

if（condition）

　　statement

其中 condition 可以是任何有效的逻辑表达式，也称为"条件表达式"。

（2）if-else 语句。一条简单的 if 语句在条件为真时只能产生一个分支去执行简单语句或复合语句。有时候需要在条件为真时执行一部分代码，在条件为假时执行另一部分代码。

if-else 语句的一般形式如下：

if（condition）

　　statementA

else

　　statementB

如果条件为 true，程序将执行 statementA 语句，否则执行 statementB 语句。statementA 和 statementB 都可以是简单语句或复合语句。

（3）switch 语句。我们刚刚讨论了如何通过使用 if-else 语句进行选择。实际上有一种适合于多重选择的、更规则而且更易于阅读的语句——switch 语句。

switch 语句的一般形式如下：

switch（selection-variable）

{case label1：

statement1；

case label2：

statement2；

...

case labeln：

statementn；

default：

statementd；}

语句中的 selection-variable 可以是一个数字或一个字符串，也可以是一个表达式，该表达式的值是数字或者字符串。程序首先计算出 selection-variable 的值，然后和每一个 case 标签比较，所有的 case 标签必须互不相同。如果在 selection-variable 和某个 case 标签之间找到一个匹配，那么程序将执行从这个 case 标签直到下一个 case 标签之间的所有语句；如果 selection-variable 的值和所有 case 标签都不匹配，那么程序将执行 default 标签下的语句。default 分支并不是必须的，但是应该只有在确定 selection-variable 的值一定会和某个 case 标签的值匹配的情况下才能省略。

2. 循环

循环用于执行重复的任务。

（1）while 循环。在编程时，经常需要按条件的成立与否来判断是否继续执行循环语句。

while 语句的一般形式如下：

while（condition）

　　statement

（2）for 循环。在编程时，我们经常需要按预先确定的次数重复执行语句。

for 循环就是专门为这种情况设计的——循环从某个初值开始执行并不断重复直到满足某个条件为止，在每一次重复中都会更新控制变量的值。while 循环中的 3 个步骤被放到了 for 循环的首条语句中。

for 语句的一般形式如下：

for（initialize；evaluate；update）

　　statement

当程序遇到 for 语句时首先会执行初始化操作，然后求值操作在测试表达式上执行，如果值为 true，则循环语句执行一次迭代，之后是更新操作。测试、迭代和更新条件的周期将不断反复直到测试表达式的结果为 false，随后程序将退出循环并执行其后的语句。

1. Torque 脚本语言的特点是什么?
2. 请使用 Torque 引擎的脚本运行的简易后台程序包,利用 switch 语句判断每月包含的天数。
3. Torque 脚本如何创建一个新的对象?
4. Torque 脚本如何创建和使用数据块?

第四章　Torque 编辑器

第一节　Torque 任务编辑器

我们已经或多或少地接触到了任务编辑器。正如大家所看到的,任务编辑器包含了几个子编辑器:World Editor、Terrain Editor、Terrain Terraform Editor、Terrain Texture Editor 和 Mission Area Editor。本节的要点是在游戏场景中放置物体并按需调整它们。为了做到这点,我们将使用 World Editor,其中又包含了两个组成部分:World Editor Creator 及其协作工具 World Editor Inspector。

在任务编辑器中普通的移动键可用来控制游戏玩家和镜头。鼠标右键可用来旋转镜头或调节游戏玩家的视角。

使用 File 菜单中的选项可以进行磁盘和文件的操作,如表 4 - 1 所示。这些操作包括打开、保存、导入和输出。

表 4 - 1　文件菜单命令

命　　令	说　　明
New Mission	创建一个有默认地形和天空的新的空任务
Open Mission	打开一个现有的任务供编辑
Save Mission	将对当前任务的修改结果保存至磁盘
Save Mission As	以新名称保存当前任务
Import Terraform Data	从现有的地形文件中导入地形形状规则
Import Texture Data	从现有的地形文件中导入地形纹理规则
Export Terraform Bitmap	(只有在 Terrain Terraform Editor 中可用)输出当前地形形状地图为位图

为了符合当前标准的窗口应用程序,Edit 菜单还包含了多种对象和选项编辑命令。如我们在表 4 - 2 中看到的,除了普遍存在的剪切、复制和粘贴功能之外,还有可用于获取各种编辑器设置的命令。

菜单选项	说　明
Undo	撤销最近一次在地形或场景编辑中的动作。不是所有的动作都能撤销
Redo	重复上一次撤销的动作
Cut	在 World Editor 中剪切任务的对象至剪贴板
Copy	在 World Editor 中复制选择的对象至剪贴板
Paste	粘贴当前剪贴板中的内容至任务
Select All	选择 World Editor 中的所有任务对象
Select None	清除在 World Editor 和 Terrain Editor 中的当前选项
Relight Scene	重新计算任务的静态光线并应用
World Editor Settings	获取 World Editor 的设置对话框
Terrain Editor Settings	获取 Terrain Editor 的设置对话框

使用如表 4－3 所示的 Camera 菜单可以改变镜头模式并调节镜头飞翔模式的速度。

表 4－3　Camera 菜单

菜单选项	说　明
Drop Camera at Player	移动镜头对象至游戏玩家的位置，并设置模式为镜头移动模式（镜头飞翔模式）
Drop Player at Camera	移动游戏玩家对象至可移动镜头的位置，并设置模式为游戏玩家移动模式（游戏玩家模式）
Toggle Camera	在游戏玩家模式和镜头飞翔模式之间切换。视角也将随模式变换而在游戏玩家和镜头位置之间变换
Slowest to Fastest	调节镜头飞翔模式的移动速度

World 菜单是默认的可用菜单，包含了与 World Editor 相关的功能。它的功能将会在紧接着的 "World Editor" 小节中讲述。

Window 菜单非常浅显易懂，所以不需要列表来描述它的功能。这个菜单用于调用可用的子编辑器。

一、World Editor

World Editor 提供了一个 3D 场景的视图。这个视图中的对象如结构体、室内、外形和标记，都能用鼠标或键盘来操作处理。

视图中分为三个框架：World Editor Tree、World Editor Inspector 和 World Editor Creator。

1. World Editor Tree

World Editor Tree 视图出现在 World Editor Inspector 和 World Editor Creator 中的右上屏幕角的框架中，这个树结构显示了任务数据文件的层次结构。在 Tree 视图中选择的对象也能在主视图中被选择，Tree 视图中的对象可以组织成组。

有一种特殊的组选择称为 Instant Group（即时组），在 Tree 视图中以灰色样式醒目显示，这个组中放置了最新创建或粘贴的对象，从 World Editor Creator 中创建的对象也放置在 Instant Group 当中。如需修改当前的 Instant Group，那么在 Tree 视图中 Alt + Click 组成一个组即可实现。

2．World Editor Inspector

通过 World Editor Inspector 可以检查和制定任务对象的属性。当我们在 Inspector 模式中选择一个对象，那么这个对象的属性将会显示在屏幕右下角的框架中。在编辑完对象的属性之后，单击"Apply"按钮将这些属性提交至对象。通过单击"Dynamic Fields Add"按钮可将动态属性赋给此对象。动态域可通过脚本语言来访问，一般用于将特殊游戏属性添加至对象。

3．World Editor Creator

World Editor Creator 在屏幕右下角显示了一个额外的 Tree 视图框架，这个视图包含了所有可以在任务中创建的对象。从这个列表中选择一个对象将会创建这个对象的一个新的实例，并将这个新的实例放置在屏幕中央（默认情况）或由在 World 菜单中选择的 Drop 命令指定，World 菜单如表 4-4 所示。

表 4-4　World 菜单

菜单选项	说　明
Lock Selection	锁定当前选项，使之不能从 World Editor 视图操作
Unlock Selection	解除一个锁定的选项
Hide Selection	隐藏当前的选项，有助于减少视觉混乱
Show Selection	显示选中的隐藏对象
Delete Selection	删除当前选择的对象
Camera to Selection	移动镜头至选择的对象
Reset Transforms	重新设置所选对象的旋转和比例大小
Drop Selection	根据放置原则（参见其后的菜单选项）放置所选对象至任务中。如果对象已被放置，则对象会再次被捡起并放置
Drop at Origin	将新建对象放置在原来位置
Drop at Camera	将新建对象放置在镜头的位置
Drop at Camera w/ Rot	将新建对象放置在镜头的位置，并与镜头同方向
Drop below Camera	将新建对象放置在镜头以下的位置
Drop at Screen Center	将新建对象放置在视线方向与对象相遇的地方
Drop at Centroid	将新建对象放置在选择中心
Drop to Ground	将新建对象放置在当前位置的地形地面上

既可以使用鼠标也可以使用键盘来进行编辑，如表4-5所示。

表4-5　鼠标和键盘操作

操　作	说　明
单击一个未被选择的对象	取消对所有当前所选对象的选择并选择所单击的对象
在空区域单击	在对象边上单击拖动成方框，并选择方框中的所有对象
按住 Shift 并单击对象	切换被单击对象的选择
鼠标拖动一个选择的对象	根据 World Editor Settings 对话框中的 Planar Movement 复选框的设置，在水平面上或贴着地面移动所选对象
按住 Ctrl 并单击拖动	垂直移动所选对象
按住 Alt 并单击拖动	以垂直轴旋转所选对象
按住 Alt 和 Ctrl 并单击拖动	在限制的一个面上改变所选对象的比例大小

Gizmos 是每个对象的 3 个轴的可视表现。选择一个对象时，如果在 World Editor Settings 对话框中允许使用 gizmo，那么它们将以对象本身原点为中心显示出来。

如果 gizmos 可用，那么它们可以被单击和拖动（如表4-6所示），以修改它们所隶属的对象。

表4-6　gizmo 操作

操　作	说　明
单击拖动 gizmo 轴	沿着所选轴移动选项
按住 Alt 单击拖动 gizmo 轴	围绕所选轴旋转选项
按住 Alt 和 Ctrl 单击拖动 gizmo 轴	沿着所选轴改变比例大小

二、Terrain Editor

我们使用 Terrain Editor 并借助鼠标操作的画笔来手动修改地形高度地图和正方形属性。这个画笔是以鼠标光标为中心的周围的地形点或正方形的选择集。表4-7描述了 Brush 菜单中可用的功能。

表4-7　Terrain Editor：Brush 菜单

菜单选项	说　明
Box Brush	使用一个正方形画笔
Circle Brush	使用一个圆形画笔
Soft Brush	设置画笔使其在地形上的影响朝画笔的边缘递减。画笔的方块颜色从影响最强的红色变化至影响最弱的绿色。Terrain Editor Settings 对话框的 Filter 视图控制调节这种递减效果
Hard Brush	设置画笔使其在地形上的效果在画笔整个表面相同。画笔上的所有方块都是红色
Size 11 to 2525	设置画笔大小

当我们使用 Terrain Editor 时，修改地形就像在上面堆积泥土或者挖洞一样。表4-8显示了通过 Action 菜单在 Terrain Editor 中可用的操作。

表4-8　Terrain Editor：Action 菜单

菜单选项	说　明
Select	在绘制动作中移动画笔来选择网格点
Adjust Selection	在当前选择的网格点上，通过向上或向下拖动鼠标来升高或降低地形
Add Dirt	在画笔的中心添加地形"泥土"，提高所影响的地形区域的高度
Excavate	从画笔中心移除泥土
Adjust Height	拖动鼠标升高或降低以设定画笔标记的区域
Flatten	设定由画笔标记的区域至一个平面高度
Smooth	使画笔标记的区域光滑——平峰填沟
Set Height	设置画笔标记的区域至一个固定高度——使用 Terrain Editor Settings 来设置高度
Set Empty	在画笔覆盖的正方形地形上挖个洞
Clear Empty	填平画笔覆盖的正方形地形上的所有洞
Paint Material	用画笔绘制当前地形纹理材质

三、Terrain Terraform Editor

Terrain Terraform Editor 使用数学算法来生成高地（高度地图）。高地运算在堆栈中进行，堆栈就是运算的有序列表。堆栈中的运算依据前面运算的结果来生成新的高地。堆栈中最终操作的结果将通过"Apply"按钮应用于地形。

编辑器中有两个框架：顶部框架显示关于当前所选运算的信息；底部框架显示当前操作堆栈。在这两者之间是一个创建新运算的下拉菜单。堆栈中的第一个操作总是 General 操作，并且不可删除。

表4-9 显示了可用的操作。

表4-9　Terraform 运算

运　算	说　明
fBm Fractal	创建起伏的山脉
Rigid Multifractal	创建山脊和延绵的山谷
Canyon Fractal	创建垂直的峡谷山脊
Sinus	以不同频率创建交错的正弦波形，用于创建起伏的山峰
Bitmap	导入现有的 256×256 的位图作为高地
Turbulence	扰乱堆栈中另外一个操作的效果
Smoothing	平滑堆栈中另外一个操作的效果

运　算	说　明
Smooth Water	使水面平静
Smooth Ridges/Valleys	平滑在边缘边界上的现有操作
Filter	将过滤器应用到一个基于曲线的现有操作
Thermal Erosion	使用热侵蚀算法应用侵蚀效果至现有操作
Hydraulic Erosion	使用水侵蚀算法应用侵蚀效果至现有操作
Blend	根据比例因子和算术运算符将两个现有操作混合
Terrain File	加载现有地形文件至堆栈

四、Terrain Texture Editor

Terrain Texture Editor 使用数学技术将基于高地的地形纹理放置在 terraformer 高地堆栈的底部。该编辑器在屏幕的右边有 3 个主要界面元素，从顶部到底部分别为操作 Inspector 框架、Material 列表和 Placement Operation 列表。

地形材质是使用 Add Material 按键添加的纹理。这将会在所有名为"terrains"目录的子目录中查找任何纹理（.png 或 .jpg）（在本书中，这也应用于命名地图的目录）。当一个材质添加至地形时，用户可以选择几个放置操作中的一个来决定将这个材质放置在地形的何处。这些操作列于表 4 - 10。

单击 Apply 按钮将当前纹理操作列表提交至地形文件。

表 4 - 10　Terrain Texture Editor 放置操作

操　作	说　明
Place by Fractal	基于布朗运动分形操作随机在地形上放置地形纹理
Place by Height	基于高程过滤器放置纹理
Place by Slope	基于坡度过滤器放置纹理
Place by Water Level	基于 Terraform Editor 中的水平面参数放置纹理

五、Mission Area Editor

Mission Area Editor 定义了用于游戏中限制游戏玩家移动的区域。如果我们在游戏中使用任务地区，那么当游戏玩家离开任务地区时我们一般都会给出警示或取消其游戏资格。当然，我们还可以发现这个特性另外的用处。

Mission Area Editor 在屏幕的右上角处显示了当前任务地图的空中高度地图视图。其中包括有任务对象的标记、任务地区的方框以及指示当前视域的一对线条。在现实区域单击任何地方将会将当前视图对象（镜头或者游戏玩家）移动至任务中我们单击的位置。

如需编辑任务地区，可以选择 Edit Area 复选框，这个操作将会在任务地区框上显示 8 个可变大小的按钮，您可以通过鼠标拖动这些按钮。

单击"Center"按钮将会使得地形文件数据复位并位于任务地区框中心的（0，0）位置。

如需对地形做镜像，可以单击"Mirror"按钮，这个操作将使得 Mission Area Editor 进入镜像模式。左右箭头按钮可调节镜面角度为 8 个不同角度之一（两个定位轴，以 45°分割）。我们单击"Apply"按钮提交整个镜面的地形镜像。对任务地区做镜像是快速创建用于组队模式游戏地图的非常好用的方法。在这类游戏中每方都必须以同样的地形开始，这样就避免了其中一方具有地形优势。我们可以先为一方创建地形，然后再简单地通过镜像作出另一方的地形。

第二节 Torque GUI 编辑器

Torque 引擎拥有一个可创建和可移动界面的编辑器。用户可以按 F10 启动这个编辑器，我们可以完全自由地修改游戏与此编辑器的代码，或者删除相关内容，以确保其他人不会修改这个界面，还可以按自己需求来进行修改。

一、GUI 编辑器初探

按 F10 启动这个编辑器，相关的接口就会在当前窗口中显示出来。在 GUI 编辑器当中，有四个组件：The Content Editor（内容编辑器），The Control Tree（控件树），The Control Inspector（控制检查器）和 The Tool Bar（工具栏），见图 4 - 1 编辑器的 GUI，这是一个以游戏例子启动最初始的菜单 GUI。

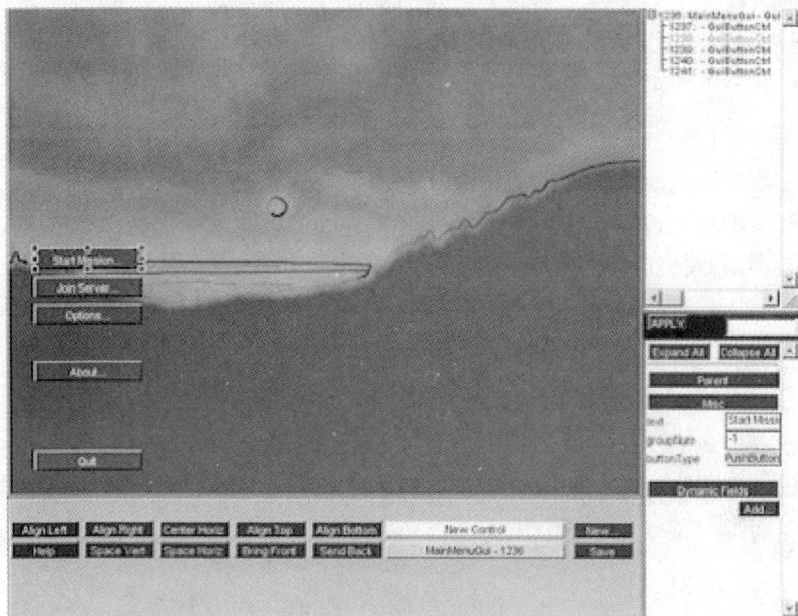

图 4 - 1 编辑器的 GUI

1. The Content Editor（内容编辑器）

在内容编辑器中，可以放置、移动和调整大小的控制。如图 4-1 所示，内容编辑器的左上角的矩形区域就是一个 GUI 编辑器视图。

（1）选择。通常情况下，选择通过单击鼠标控制就可以了。但是有些控件可能很难选择，因为它们的位置被其他控件覆盖着。另一种方法是使用控制选择控件树，这在后面的部分会讲到，当按住 Shift 键同时点击鼠标可以进行多个控件的选择和移动。

（2）移动。通过点击选择控件，就可以拖动和移动它。当它在内容区域内进行移动控制时，我们要做到心中有数，控件可能包含其他子控件一起移动。当我们拖动控件时，可能会把它拖到显示区域以外，这样做的后果就是无法正常显示控件，这也是我们不希望出现的情况。

（3）调整大小。选择控件通过点击和拖动 8 个黑色控制旋转点中的一个来调整大小。正如移动一样，控件调整大小也是受其父控件的尺寸限制的。图 4-1 显示了在开始任务时按钮的大小。

（4）添加。当前选中控件的父控件外框有一黄蓝条，这个控件称为当前添加的父控件，任何从工具栏或者剪贴板中添加的控件都会成为此控件的子控件。选择父控件可以通过点击其子控件进行设置或者右键单击自己来实现。

2. The Control Tree（控件树）

控件树中显示当前内容的控制层次，位置在 GUI 的编辑器视图的右上角。父控件也称为容器，该控件包含其他控件，比如有一个子控件进入左边的树的小盒子。如果方块是一个加号，点击将扩大到列表的控制，使其进入视野的子控件。如果点击它时，它看起来像一个减号，则将控件的列表返回到一个加号的父控件来控制。

单击树中任何控制器将使其在内容编辑器视图中被选中，并显示该控件的属性以及在控制检查器中的特点。可以从图 4-1 的右边看到这种效果。

3. The Control Inspector（控制检查器）

控制检查器显示当前选定控件的属性，它在 GUI 编辑器右下角低于控制树。一个控件的所有属性都显示在该检查器中，并可以在这里被改变。更改后的值必须在单击"Apply"按钮之后才能看到变化。第一次显示时，视觉中的所有属性都会出现，如父控件、声音、动态属性等。要访问这些属性，只需按一下 Control Inspector，所有那些类别名称、列表的扩展就通过编辑框或者按钮显示出来了。

4. The Tool Bar（工具栏）

工具栏具有创建新的控件和调整它们间距的功能，它有几个命令按钮可以操作当前选择的控件，以及创建和保存当前 GUI。该工具栏还可以创建新的管制策略，控制当前编辑的图形用户界面弹出菜单。

二、创建一个图形界面

在这一节当中，我们将看到如何简单地使用 Torque GUI 编辑器来创建一个图形界面。假设 Torque 编辑器当前屏幕最低分辨率是 800×600，当然创建更高分辨率的图形界面就可以显示更大的空间和数据。

（1）打开 C：\3DGPAi1 文件夹，并双击里面的 Run fps Demo 快捷键。

（2）当 Torque 菜单出现时，按 F10 键，编辑控件器就会出现在当前屏幕的底部和右边。这样就可以很方便地进入编辑前的视图。

（3）点击"新建"按钮，并输入一个名字作为界面名称，注意：不要在名字中出现空格，比如可以使用"MyFirstInterface"作为名字。

（4）保留这个名字作为界面的类名，接着点击"新建"按钮，我们会得到一个很漂亮的界面作为当前工作区域。

（5）在树形视图中，选择名字为"MyFirstInterface"的类，它的相关属性就会出现在属性检查器当中。

（6）在属性检查器中，点击"扩展"按钮。

（7）定位相关的属性，通过单击按钮可以弹出窗口。

（8）拉动滚动条找到 GuiContentProfile，然后选择它。

（9）用按钮点击，这样就创建了一个内容控制器，接着就可以在这个控制器当中添加其他控件。

（10）单击"新建"按钮，并从弹出窗口中选择要新建的 GuiButtonCtrl。

（11）可以从内容编辑器或者控件树中选择需要的按钮。

（12）查看属性检查器，可以定位到当前控件所需要修改的属性处，并输入相关的参数。

（13）在命令行窗口中输入"quit（）"。

（14）点击"应用"按钮。

（15）点击"保存"按钮。相关的属性会自动地保存。

（16）在最前面的弹出窗口，输入要保存的文件名，并选择要保存的路径。

（17）点击"保存"。

这样就可以创建一个 Torque 编辑器来创建一个图形界面，接着就是测试一下刚才创建的内容。

（1）打开 console 控制面板，按一下键盘的（"～"）。

（2）输入下面的内容并回车：exec（"fps/MyFirstInterface. gui"）；。

（3）接着输入下面的内容并回车：canvas. setContent（"MyFirstInterface"）；。

刚才创建的图形界面就弹出来了。这只是一个很简单的图形界面，用户可以根据自己的需求创建足够复杂的界面。Torque 能够为用户提供非常强大的图形界面，如果 Torque 做不到的话，用户可以自己创建它，相信这是可以做到的。

思考练习题

1. 使用命令行的方式创建一个基本的游戏界面。

2. 使用图形界面的方式创建一个基本的游戏界面。

3. 使用 Terrain Terraform Editor 创建一个具有丰富地形的游戏。

第五章　制作游戏世界的环境

第一节　基本场景效果的实现

一、地面纹理

以 tutorial. base 为例，我们创建一个游戏环境。打开 torque，通过点击"Word Editor"图标，进入游戏编辑状态，新建的游戏里一片空白，默认的为蓝白两色棋盘一样的纹理。如图 5 - 1 所示。

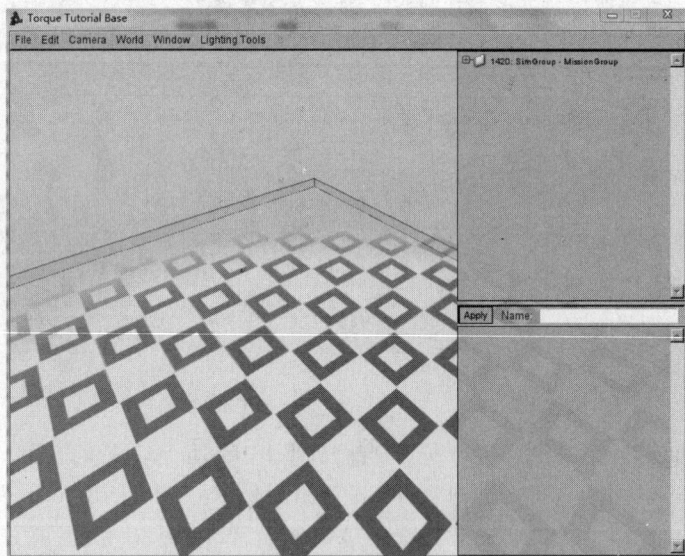

图 5 - 1　创建游戏环境

在游戏世界里，最基本的技能就是游戏环境的设置。我们可以通过添加不同的对象来丰富游戏世界，最终完成一个完整环境的创建。

首先要完成对棋盘格子地面的替换。进入"上帝"视角，选择 window\Terrain Editor，此时会发现鼠标周围有一群红色与绿色相间的小正方形，这些小正方形所覆盖的地方就是可以调整的区域。按住鼠标左键往上拖动，区域内就会出现一个小山包，往下按就是一个小盆地。当然，这个区域的大小也是可以调整的，即调整笔刷的大小，具体的调节命令是在 brush 菜单里。根据游戏的需要，我们可以设置连绵的山脉或者是单独的山峰。等地形差不多做好以后，接下来就要换掉棋盘格子地面了。选择 window\Terrain Texture Painter 命令，原来窗口的右边会显示出六个格子的纹理图。如图 5 - 2 所示。

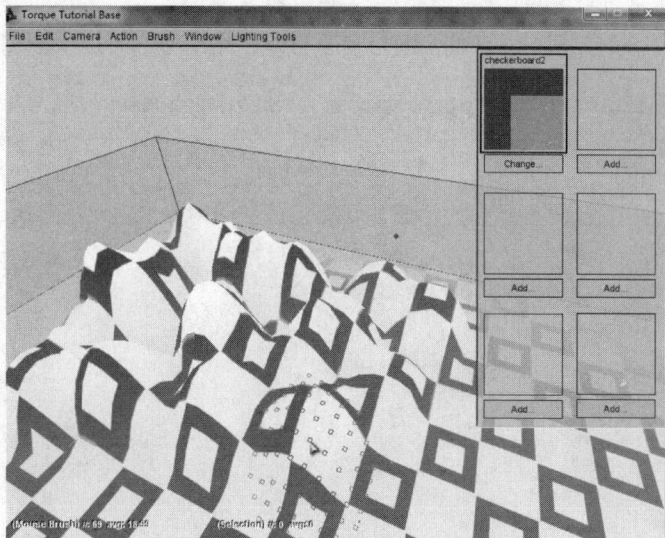

图 5 - 2　Terrain Texture Painter 命令

第一个格子里的蓝色纹理就是棋盘格子的纹理，我们点击"Change"按钮，选择 tutorial. base\data\terrains 文件夹下的 grass. TIF 文件，载入以后就会发现整个场景里面的地面全部变成了绿色的草地，这样要比棋盘格子好看多了。如果觉得草地场景过于单一，还可以通过再点击 Add 键来添加新的纹理，用笔刷在地形上点击，就可以完成地形纹理的改变。如图 5 - 3 所示。

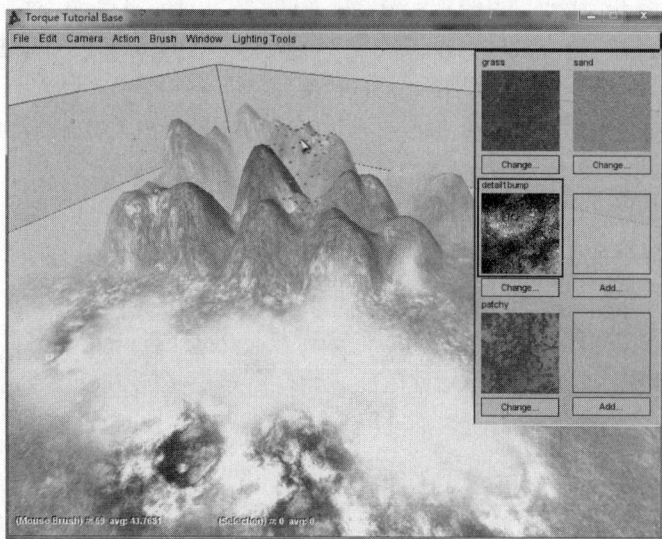

图 5 - 3　添加绿色草地纹理

系统自带的纹理有四个，两种草地纹理，两种沙石纹理。如果我们需要创建自己的纹理格式，可以在绘图软件（比如 photoshop）中将纹理做好，保存为 256×256 大小的 JPG 文件，或者是 PNG 文件，放在对应的文件夹下，然后就可以引用了。比如我们想在山顶加一个雪顶的纹理，可以预先作一个雪的纹理，将文件保存在 tutorial. base\data\terrainss 文件夹下，在游戏编辑界面中添加此纹理，就可以完成雪地的制作。如图 5-4 所示。

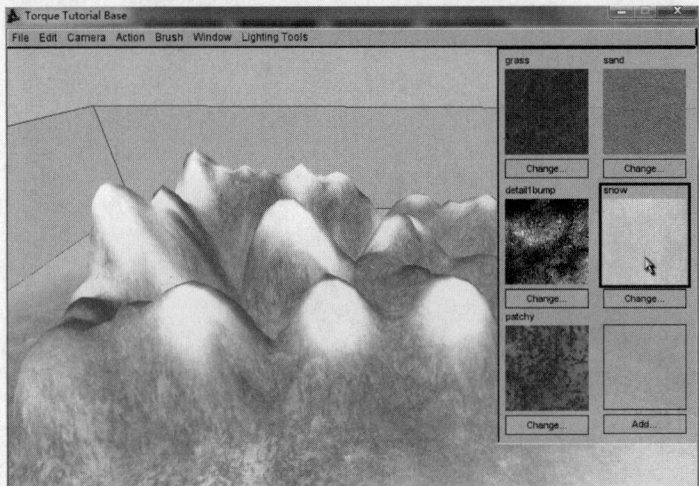

图 5-4　添加自己制作的雪地纹理

上面只是简单地建立了一个山地式的地形，一个比较完整的游戏环境肯定不是这么简单的。因此，接下来我们将详细介绍在编辑模式下编辑地形的相关命令。首先我们来认识两个文件的扩展名：

（1）地形（ter）：在场景中，调整地形的高度、地势等相关属性以及建筑模型等都是在地形之上完成的。地形可以通过创设新场景来新建，也可以通过地形等高图导入直接生成。

（2）场景（mis）：地形文件一般保存在扩展名为 mis 的文件中，通过编辑器对场景进行修改与美化。但凡在场景编辑器中加入的对象都会在 mis 中形成脚本。

Torque 自带的几个例子中都有比较完善、美观的场景，比如在 example\demo 中就有。

当我们在 windows 命令中选择 Terrain Editor 命令后，就会发现在菜单命令中多了 Action 和 Brush 两个命令。如图 5-5 所示。

运用这两个命令我们就可以对地形进行编辑。Brush 命令所对应的功能如表 5-1 所示。

需要注意的是柔角笔刷。柔角笔刷的含义就是在笔刷的周围有淡入淡出的效果过渡，一般作为纹理融合的话，我们推荐用此笔刷。硬笔刷是指笔刷的边角没有过渡，有清晰的边缘。Action 命令对应的功能如表 5-2 所示。

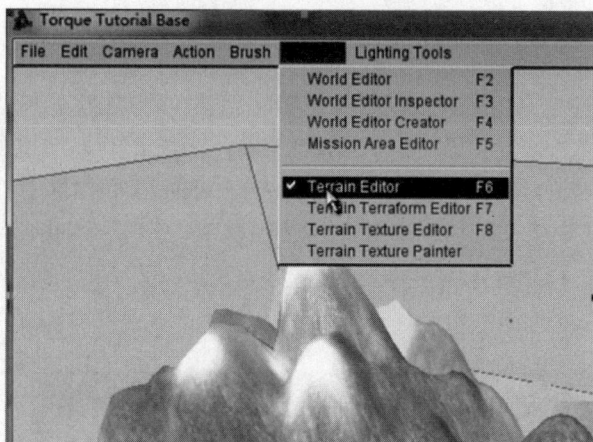

图 5 – 5　Terrain Editor 命令

表 5 – 1　Brush 命令的各项功能

命　令	对应的功能
Box Brush	方形笔刷
Circle Brush	圆形笔刷
Soft Brush	柔角笔刷
Hard Brush	硬笔刷
Size	笔刷大小

表 5 – 2　Action 命令的各项功能

命　令	对应的功能
Select	选择区域
Adjust Select	调整选择区域
Add Dirt	加高地势
Excavate	降低地势
Adjust Height	调整高度
Flatten	平整地形
Smooth	平滑地形
Set Height	设置高度
Set Empty	设置空洞
Clear Empty	清空空洞

　　运用以上的相关命令，加上地面纹理效果，就可以作出一个比较完整的地形了。如图 5 – 6 所示。

图 5 – 6　较完整的地形图

二、植物效果

当我们创建好一个比较完整的地形时，就可以往里面添加我们所需要的对象了，比如草地、树木、森林等。如果在场景里添加草地效果，在场景里添加植物，二维的草地是最简单的。只要我们在 Photoshop 等图像处理软件中，将所需要的草的样式做好，保存成具有透明格式的 PNG 图像就可以了，如图 5 - 7 所示。除"草"本身以外，其他的地方都应该是透明区域，否则，在场景中的草将是一块带有白色的方格子。下面我们就以添加一片草地为例。

图 5 - 7　具有透明格式的 PNG 图

将做好的草的图片放在一个取名为 grass 的文件夹里，放置在 tutorial. base \ data \ shapes 目录下。在编辑状态下，选择 windows \ World Editor Creator 命令，在右下方的树形目录中选择 Mission Object 选项，最后选择 Environment 目录下的 fxFoliageReplicator。如图 5 - 8 步骤所示，将之命名为 grass。

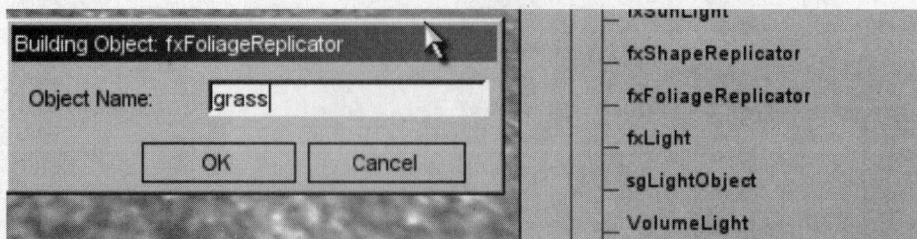

图 5 - 8　图片文件的保存步骤

这时我们可以在左上方的树形目录中看到我们刚才创建的 grass 文件夹，同时，场景中有一个紫色的圆形环绕圈。我们创建的草地将在这个圈中的范围内出现，选择 windows\World Editor Inspector 命令，并选中我们刚才创建的草地，左下显示的是草地的属性。在属性栏目里找到 FoliageFile 命令，点击后面的小按钮，根据我们刚才放置的位置 tutorial. base\data\shapes\grass，载入我们刚才做好的草的素材。此时还是看不到草地出现，调整 FoliageCount 参数，将其设置为 10 000，看看是什么效果，如图 5-9 所示。这个参数表示的是在紫色圈范围内出现的小草的数量。调整摄像机位置，我们就能看到刚才载入的草地了，此时草地是静止的，选择 SwayOn 属性，将其钩选，再看草地，是不是随风轻轻地摆动了？

图 5-9 "草地"属性的设置

草地做好了，如何添加树木呢？首先将做好的树木的 DTS 模型和贴图文件放在一个文件夹里。本例中我们将为树木模型新建一个 trees 文件夹，并将此文件夹放置在 tutorial. base\data\shapes 目录下。选择 windows\World Editor Creator 命令，在右下方的树形目录中选择 System\simgroup，在弹出的对话框中填写 tree，这样，一个 tree 文件夹就会出现在右上方的树形目录中。创设一个单独的 tree 文件夹是为了方便管理场景中的树木模型。准备工作做好以后，按下 F4 键进入 World Edit Creator 命令，在左下方的树形目录里选择 Static Shapes\tutorial. base\data\shapes\trees 目录下的一棵树，马上在游戏环境内就可以看到一棵树木出现。如果此时觉得树木放置的位置不正确，可以通过调整 X，Y，Z 三个轴坐标来将树放置到正确的位置。整个过程如图 5-10 所示。

单独的树木做好了，那么如何生成一片森林呢？做法其实和草地是一样的，只不过是在做草地的时候我们选择的是 Mission Objects\Environment\fxFoliageReplicator，制作森林的时候我们选择的是 Mission Objects\Environment\fxShapeReplicator。其他的操作都一样，此处不再叙述，读者可以自己依照做草地的方法做一个森林。如图 5-11 所示。

图 5-10　"树木"添加过程

图 5-11　"森林"的制作方法

第二节　天空

前一节讲述了地形和植被的制作，通过新建的任务，我们看到在任务里已经包含了天空和太阳两个对象，只不过这两个对象是锁定的。如图 5-12 所示。

图 5 -12   天空和太阳两个对象

一、云

如果要创建一个新的天空，只要选择 windows \ World Editor Creator 命令，在左下方的树形目录里选择 Mission Objects \ Environment \ sky 就可以弹出 "新建天空" 的对话框。如图 5 -13所示。

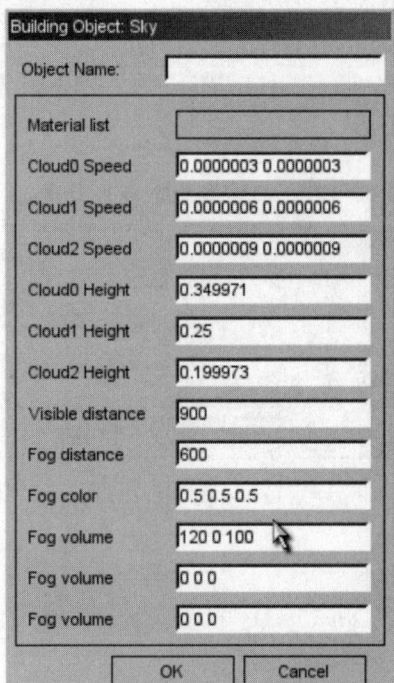

图 5 -13   创建天空的对话框

参数看起来很多，其实很简单：第一个参数 Object Name 是指自己创建的天空的名称；第二个参数 Material list 是用来描述天空盒子材质的 mdl 文件，有了这个材质，天空的云才会随着下面参数的设置而移动。表5－3为参数与功能的对应表。

表5－3 "天空"的参数对应的功能

参　　数	功　　能
Cloud0 Speed—Cloud2 Speed	三层云的移动速度设置
Cloud0 Height—Cloud2 Height	三层云的高度
Visible distance	可视距离，游戏中超过一定距离以后所有的游戏对象将不被渲染，这个参数就是设置这个距离值的。该值越小，计算量越小，游戏速度越快
Fog distance	开始产生雾化效果的距离
Fog color	雾的颜色，使用 RGB 函数，三个颜色分量用百分比表示
Fog volume	包括了三个分量，第一个是可视距离，第二个是雾的底端，第三个是雾的最顶端

二、太阳

选择 Mission Objects\Environment\sun 就可以创建一个太阳，在弹出的对话框中输入必要的参数就可以在自己的游戏世界里创建一个太阳。

第一个参数是创建的太阳的名字。Direction 参数表示的是太阳的方向矢量；Sun color 是控制太阳颜色的参数，采用 RGB 函数，RGB 函数的三个分量用百分比表示；Ambient color 参数表示的是环境光的颜色，采用 RGB 函数，RGB 函数的三个分量用百分比表示。如图5－14所示。

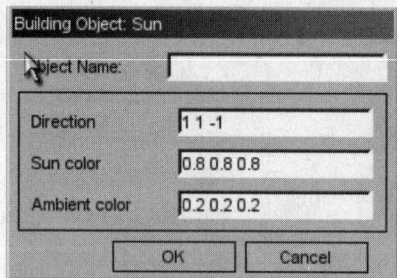

图5－14 创建太阳的对话框

第三节 粒子效果

游戏中的粒子效果是如何的呢？一般来说，我们将粒子加入游戏有两种方式：一种是在文件扩展名为 mis 的场景文件中直接添加脚本完成；另外一种是在编辑状态下，通过编

辑器将其加入场景以后再保存。保存后加入的对象就在场景文件中自动生成脚本。在学习
粒子效果前，我们必须知道比较重要的四个粒子数据集。如表 5－4 所示。

表 5－4　四个粒子数据集

ParticleData	粒子数据集
particleEmitterData	粒子发射器数据集
ParticleEmitterNodeData	粒子发射结点数据集
ParticleEmitterNode	粒子发射结点对象

一、湖水、瀑布

完成了地面、天空后，我们来看看地面上的水是如何产生的，当然，还有飞流直下三
千尺的瀑布效果是如何产生的。通过下面的学习，我们将全部掌握这些方法。

创建水和创建天空的步骤相似，选择 Mission Objects\Environment\WaterBlock 就弹出
"创建水"的对话框，和创建天空的对话框有些相似。如图 5－15 所示。

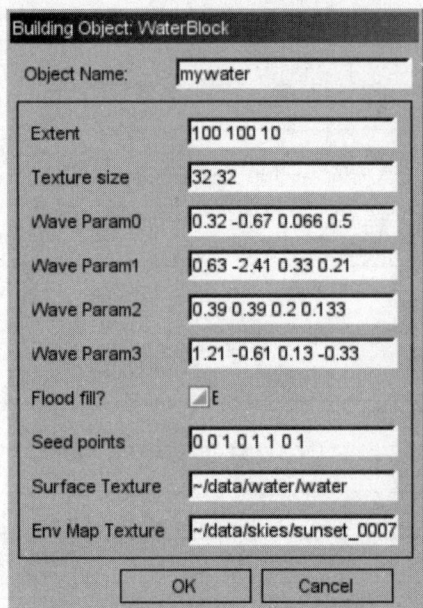

图 5－15　创建水的对话框

在名字中输入创设好的名字，点击 OK，就会在游戏场景中出现湖水效果。选择 world
edit inspector 模式，选择刚才创建的湖水，我们可以看到湖水有很多参数，下面将湖水的
参数对应的属性做一个详细介绍，如表 5－5 所示。

表5-5 "湖水"的参数所对应的属性

属　性	对应值	含　义
position	-16 -288 -13.613 1	水面所在地的坐标
rotation	1 000	水面旋转度
scale	200 170 30	水面大小
UseDepthMask	选中或者未选中	是否使用深度掩盖
surfaceTexture	tutorial. base\data\water\water. png	水面中心纹理
ShoreTexture	tutorial. base\data\water\wateredge. TIF	水面搁浅纹理
envMapOverTexture	tutorial. base\data\water\specmask. png	水底倒影纹理
envMapUnderTexture		水底透明纹理
specularMaskTex		水面波光纹理
liquidType	OceanWater	水的类型，系统有很多类型可选
density	1	水的密度（控制浮力）
viscosity	15	水的黏度
waveMagnitude	1	波震度
surfaceOpacity	0.75	表面不透明度
envMapIntensity	0.4	水面反射的强度
TessSurface	50	水面中心纹理细腻程度
TessShore	60	水面搁浅纹理细腻程度
SurfaceParallax	0.5	表面视差
FlowAngle	0	水的流动角度
FlowRate	0	水流动的速度
DistortGridScale	0.1	歪曲坡度
DistortMag	0.05	歪曲幅度
DistortTime	0.5	歪曲速度
ShoreDepth	20	水岸深度
DepthGradient	1	水深坡度
MinAlpha	0.03	最小透明程度
MaxAlpha	1	最大透明程度
removeWetEdges	选中或者未选中	移除湿边
specularColor	1 111	镜面彩色
specularPower	6	镜面功率

按照自己的喜好设置完成后，我们就可以看到水面了。如图5-16所示。

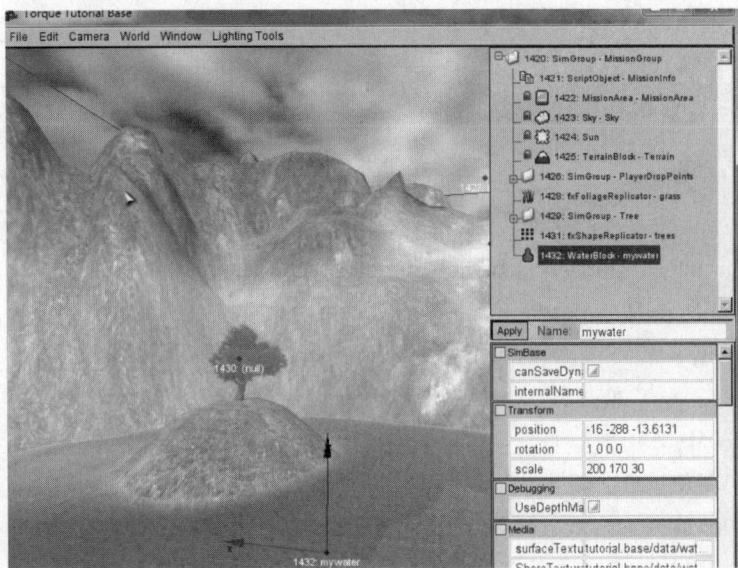

图5-16 设置完成后的湖水

做完了湖水，我们来看看如何做一个瀑布。做瀑布之前，我们需要一些瀑布的图片文件，例如瀑布飞溅出来的水花，从上往下的水的纹理等等，将这些素材在绘图软件里做好，保存成带有透明区域的 PNG 文件，注意文件的高和宽，最大为 256×256。上述例子直接应用了 water 文件中的素材文件。新建一个记事本文本，将下面定义的瀑布数据块语句复制，存成 CS 文件；本例中我们保存为 particle. cs。将 particle. cs 脚本文件保存在 tutorial. base\server 目录下。

```
datablock ParticleData（DemoWaterfallParticle）
{ textureName = " ~/data/water/water. png" ;
dragCoefficient = 0. 0;
windCoefficient = 0. 2;
gravityCoefficient = 3. 0;
inheritedVelFactor = 2. 0;
lifetimeMS = 4000;
lifetimeVarianceMS = 500;
spinRandomMin = - 30. 0;
spinRandomMax = 30. 0;
times [0] = "0. 0" ;
times [1] = "0. 5" ;
times [2] = "1. 0" ;
colors [0] = "0. 4 0. 4 0. 7 0. 22" ;
colors [1] = "0. 5 0. 6 0. 8 0. 22" ;
```

```
colors [2]   = "0. 6 0. 6 0. 9 0. 0";
sizes [0]   = "30. 0";
sizes [1]   = "40. 0";
sizes [2]   = "50. 0";
useInvAlpha = false; };

datablock ParticleEmitterData（DemoWaterfallEmitter）
{ particles = "DemoWaterfallParticle";
ejectionVelocity = 0. 55;
velocityVariance = 0. 30;
ejectionPeriodMS = 10;
periodVarianceMS = 5;
thetaMax = 90. 0;
thetaMin = 0. 0; };

datablock ParticleEmitterNodeData（DemoWaterfallEmitterNode）
{ timeMultiple = 1. 0; };

datablock ParticleData（WFallBParticle）
{ textureName = " ~ /data/water/water. png";
dragCoefficient = 0. 0;
gravityCoefficient = -0. 1;
inheritedVelFactor = 2. 0;
lifetimeMS = 3000;
lifetimeVarianceMS = 800;
spinRandomMin = -30;
spinRandomMax = 30;
times [0]   = "0. 0";
times [1]   = "0. 5";
times [2]   = "1. 0";
colors [0]   = "0. 4 0. 4 0. 7 0. 1";
colors [1]   = "0. 5 0. 6 0. 8 0. 1";
colors [2]   = "0. 6 0. 6 0. 9 0. 0";
sizes [0]   = "10";
sizes [1]   = "15";
sizes [2]   = "20";
useInvAlpha = false; };
```

```
datablock ParticleData （WFallCParticle）
{ textureName = " ~/data/water/water. png" ;
dragCoefficient = 0. 0 ;
gravityCoefficient = - 0. 1 ;
inheritedVelFactor = 2. 0 ;
lifetimeMS = 3000 ;
lifetimeVarianceMS = 800 ;
spinRandomMin = - 30 ;
spinRandomMax = 30 ;
times ［0］  = "0. 0" ;
times ［1］  = "0. 5" ;
times ［2］  = "1. 0" ;
colors ［0］  = "0. 4 0. 4 0. 5 0. 1" ;
colors ［1］  = "0. 5 0. 5 0. 6 0. 1" ;
colors ［2］  = "0. 0 0. 0 0. 7 0. 0" ;
sizes ［0］  = "5" ;
sizes ［1］  = "5" ;
sizes ［2］  = "5" ;
useInvAlpha = false ; } ;

datablock ParticleEmitterData （WFallBParticleEmitter）
{ particles = " WFallBParticle" TAB" WFallCParticle" ;
ejectionVelocity = 5 ;
velocityVariance = 0. 1 ;
ejectionPeriodMS = 15 ;
periodVarianceMS = 5 ;
thetaMax = 90 ;
thetaMin = 0. 0 ; } ;

datablockParticleEmitterNodeData （WFall2ParticleEmitterNode）
{ timeMultiple = 1. 0 ; } ;

datablock ParticleData （LightParticle）
{ textureName = " ~/data/water/water. png" ;
dragCoefficient = 0. 0 ;
windCoefficient = 0. 0 ;
gravityCoefficient = - 3. 0 ;
inheritedVelFactor = 2. 0 ;
```

```
lifetimeMS = 500;
lifetimeVarianceMS = 200;
spinRandomMin = -60. 0;
spinRandomMax = 60. 0;
times [0] = "0. 0";
times [1] = "0. 2";
times [2] = "0. 4";
times [3] = "0. 4";
colors [0] = "1 0. 3 0. 0 0. 8";
colors [1] = "1 0. 3 0. 0 0. 8";
colors [2] = "1 0. 4 0. 0 0. 8";
Colors [3] = "1 0. 4 0. 0 0. 0";
sizes [0] = "0. 1";
sizes [1] = "0. 3";
sizes [2] = "0. 3";
sizes [3] = "0. 3";
useInvAlpha = false; };

datablock ParticleEmitterData (LightEmitter)
{ particles = "LightParticle";
ejectionVelocity = 0. 55;
velocityVariance = 0. 30;
ejectionPeriodMS = 3;
periodVarianceMS = 2;
thetaMax = 180. 0;
thetaMin = 0. 0;
phiReferenceVel = 180;
phiVariance = 0; };

datablock ParticleEmitterNodeData (LightEmitterNode)
{ timeMultiple = 1. 0; };

datablock ParticleData (Light1Particle)
{ textureName = " ~/data/water/water. png";
dragCoefficient = 0. 0;
windCoefficient = 0. 0;
gravityCoefficient = -3. 0;
inheritedVelFactor = 2. 0;
```

```
lifetimeMS = 700;
lifetimeVarianceMS = 200;
spinRandomMin = −60. 0;
spinRandomMax = 60. 0;
times [0]   = "0. 0";
times [1]   = "0. 2";
times [2]   = "0. 4";
times [3]   = "0. 4";
colors [0]   = "1 0. 3 0. 0 0. 8";
colors [1]   = "1 0. 3 0. 0 0. 8";
colors [2]   = "1 0. 4 0. 0 0. 8";
Colors [3]   = "1 0. 4 0. 0 0. 0";
sizes [0]   = "0. 6";
sizes [1]   = "1";
sizes [2]   = "1";
sizes [3]   = "1. 2";
useInv Alpha = false; };

datablock Particle Emitter Data (Light1 Emitter)
{ particles = "Light1 Particle";
ejectionVelocity = 0. 55;
velocityVariance = 0. 30;
ejectionPeriodMS = 3;
periodVarianceMS = 2;
thetaMax = 180. 0;
thetaMin = 0. 0;
phiReferenceVel = 180;
phiVariance = 0; };

functionAddlight (% plposition)
{ % x = getword (% plposition, 0);
% y = getword (% plposition, 1);
% z = getword (% plposition, 2);
% x1 = % x + 1;
% x2 = % x − 1;
% y1 = % y + 1;
% y2 = % y − 1;
```

```
% z1 = % z + 1 ;
% position1 = % x1 SPC % y1 SPC % z1 ;
% position2 = % x SPC % y2 SPC % z1 ;
% position3 = % x2 SPC % y1 SPC % z1 ;
% light1 = newParticleEmitterNode ( )
{ canSaveDynamicFields = "1" ;
Position = % position1 ;
rotation = "1 0 0 0" ;
scale = "1 1 1" ;
dataBlock = "LightEmitterNode" ;
emitter = "LightEmitter" ;
velocity = "1" ; } ;
% light2 = newParticleEmitterNode ( )
{ canSaveDynamicFields = "1" ;
Position = % position2 ;
rotation = "1 0 0 0" ;
scale = "1 1 1" ;
dataBlock = "LightEmitterNode" ;
emitter = "LightEmitter" ;
velocity = "1" ; } ;
% light3 = newParticleEmitterNode ( )
{ canSaveDynamicFields = "1" ;
Position = % position3 ;
rotation = "1 0 0 0" ;
scale = "1 1 1" ;
dataBlock = "LightEmitterNode" ;
emitter = "LightEmitter" ;
velocity = "1" ; }
% light1. schedule ( 1000, delete ) ;
% light2. schedule ( 1000, delete ) ;
% light3. schedule ( 1000, delete ) ; }

datablock ItemData ( FireTorch )
{ shapeFile = " ~ /data/shapes/items/torch3. dts" ;
lightType = ConstantLight ;
lightColor = "0. 5  0. 6  0. 6  0. 3" ;
lightRadius = 10 ; } ;
```

```
functionInsertTorch ( )
{% shape1 = new Item ( )
{ datablock = FireTorch ;
static = 1 ;
scale = "0. 8  0. 8  0. 8" ; } ;
% shape1. setTransform ( "340. 4  5. 2  122. 884  0  0  1  0" ) ;
MissionCleanup. add  ( % shape1 ) ;

% shape2 = new Item ( )
{ datablock = FireTorch ;
static = 1 ;
scale = "0. 8  0. 8  0. 8" ; } ;
% shape2. setTransform ( "348. 471  4. 40346  122. 884  0  0  1  191. 55" ) ;
MissionCleanup. add  ( % shape2 ) ;

% shape3 = new Item ( )
{ datablock = FireTorch ;
static = 1 ;
scale = "0. 8  0. 8  0. 8" ; } ;
% shape3. setTransform ( "295. 97  0. 911226  124. 574  0  0  1  0" ) ;
MissionCleanup. add  ( % shape3 ) ;

% shape4 = new Item ( )
{ datablock = FireTorch ;
static = 1 ;
scale = "0. 8  0. 8  0. 8" ; } ;
% shape4. setTransform ( "302. 812  5. 57331  123. 575  0  0  1  85. 3707" ) ;
MissionCleanup. add  ( % shape4 ) ;

% shape5 = new Item ( )
{ datablock = FireTorch ;
static = 1 ;
scale = "0. 8  0. 8  0. 8" ; } ;
% shape5. setTransform ( "246. 809  8. 05598  122. 25  0  0  - 1  16. 2456" ) ;
MissionCleanup. add  ( % shape5 ) ;

% shape6 = new Item ( )
{ datablock = FireTorch ;
```

```
static = 1;
scale = "0. 8  0. 8  0. 8";};
% shape6. setTransform ("253. 003  13. 875  122. 45  0  0  1  76. 7763");
MissionCleanup. add (% shape6);

% shape7 = new Item ()
{datablock = FireTorch;
static = 1;
scale = "0. 8  0. 8  0. 8";};
% shape7. setTransform (" - 77. 6363   - 155. 559  75. 9351  0  0  1  143. 885");
MissionCleanup. add (% shape7);

% shape8 = new Item ()
{datablock = FireTorch;
static = 1;
scale = "0. 8  0. 8  0. 8";};
% shape8. setTransform (" - 92. 1308   - 168. 758  76. 8806  0  0   - 1  110. 874");
MissionCleanup. add (% shape8);

% shape9 = new Item ()
{datablock = FireTorch;
static = 1;
scale = "0. 8  0. 8  0. 8";};
% shape9. setTransform (" - 78. 3572   - 152. 82  85. 9126  0  0  1  157. 453");
MissionCleanup. add (% shape9);

% shape10 = new Item ()
{datablock = FireTorch;
static = 1;
scale = "0. 8  0. 8  0. 8";};
% shape10. setTransform (" - 104. 651   - 151. 588  84. 912 6  0  0   - 1  4. 30354");
MissionCleanup. add (% shape10);

% shape11 = new Item ()
{datablock = FireTorch;
static = 1;
scale = "0. 8  0. 8  0. 8";};
% shape11. setTransform ("232. 37  171. 657  122. 274  0  0   - 1  78. 2606");
```

MissionCleanup. add（% shape11）;

% shape12 = new Item（）
{ datablock = FireTorch;
static = 1;
scale = "0. 8 0. 8 0. 8"; };
% shape12. setTransform（"239. 529 177. 816 122. 463 0 0 1 185. 674"）;
MissionCleanup. add（% shape12）;

% shape13 = new Item（）
{ datablock = FireTorch;
static = 1;
scale = "0. 8 0. 8 0. 8"; };
% shape13. setTransform（"273. 989 172. 795 122. 4950 0 0 -1 96. 0918"）;
MissionCleanup. add（% shape13）;

% shape14 = new Item（）
{ datablock = FireTorch;
static = 1;
scale = "0. 8 0. 8 0. 8"; };
% shape14. setTransform（"280. 969 179. 679 122. 463 0 0 1 178. 34"）;
MissionCleanup. add（% shape14）;

% shape15 = new Item（）
{ datablock = FireTorch;
static = 1;
scale = "0. 4 0. 4 0. 4"; };
% shape15. setTransform（" -1277. 35 696. 172 190. 082 0 0 -1 4. 30354"）;
MissionCleanup. add（% shape15）;

% shape16 = new Item（）
{ datablock = FireTorch;
static = 1;
scale = "0. 4 0. 4 0. 4"; };
% shape16. setTransform（" -1286. 55 697. 972 189. 282 0 0 -1 4. 30354"）;
MissionCleanup. add（% shape16）;

% shape17 = new Item（）
{ datablock = FireTorch;

```
static = 1;
scale = "0. 4  0. 4  0. 4"; };
% shape17. setTransform（" -1296. 21  699. 859  189. 282  0  0  -1 4. 30354"）;
MissionCleanup. add（% shape17）;

% shape18 = new  Item（）
{ datablock = FireTorch;
static = 1;
scale = "0. 4  0. 4  0. 4"; };
% shape18. setTransform（" -1305. 19  701. 739  189. 282  0  0  -1 4. 30354"）;
MissionCleanup. add（% shape18）; }

function AddLight1（% position）
{ % light = new ParticleEmitterNode（）
{ canSaveDynamicFields = "1";
Position = % position;
rotation = "1 0 0 0";
scale = "1 1 1";
dataBlock = "LightEmitterNode";
emitter = "Light1Emitter";
velocity = "1"; };
% light. schedule（2000，delete）; };
```

完成上述步骤后，打开"example\tutorial. base\server"目录下的 game. cs 文件，在 onServerCreated（）区段最后加入语句 exec（"./particles. cs"）；添加完毕后保存；进入 World Editor，按 F11 进入编辑状态，按 F4 进入 window\World Editor Creator 模式。在场景编辑器右下角创建区点击 Mission objects\Environment\ParticleEmitterNode，会弹出一个对话框，第一行 Objects Name 旁边可以输入这个粒子的名字（可以任意起名），如图 5 - 17 所示。我们根据不同的需要，选择不同的粒子构建真实的瀑布。

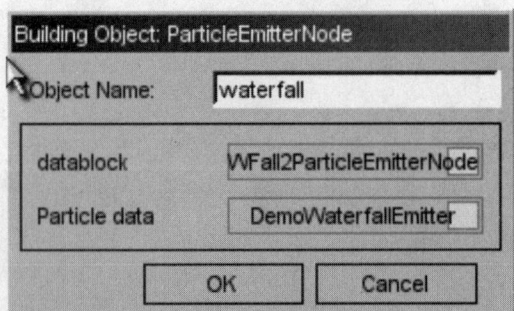

图 5 - 17 创建 ParticleEmitterNode 对话框

第一个 datablock 是第一种粒子效果，particle data 是辅助粒子效果。选择好粒子效果以后按下 OK 键，就可以在游戏环境中看到一个瀑布。通过调整 X，Y，Z 三个分量，将瀑布放置在合适的位置。这样，一个瀑布就完成了。如图 5 - 18 所示。

图 5 - 18　设置完成的瀑布

二、营火

本节来学习如何制作营火。制作一团营火，首先需要营火模型素材，用 3DSMAX 之类的三维模型制作软件制作一个模型。如果没法做好这个模型，也可以在 starter. fps 例子里找到营火模型，将找到的模型文件夹 campfires 复制到 tutorial. base\data\shape 目录下。我们新建一个文本文档，复制下列代码，并保存为 campfires. cs 文件，放置在 tutorial. base\server 目录下。

```
datablock ParticleData（ChimneySmoke）
{textureName = " ~ /data/shapes/particles/smoke" ;
dragCoefficient = 0. 0 ;
gravityCoefficient = - 0. 2 ; //rises slowly
inheritedVelFactor = 0. 00 ;
lifetimeMS = 3000 ;
lifetimeVarianceMS = 250 ;
useInvAlpha = false ;
spinRandomMin = - 30. 0 ;
spinRandomMax = 30. 0 ;
```

```
colors [0]  = "0.6 0.6 0.6 0.1";
colors [1]  = "0.6 0.6 0.6 0.1";
colors [2]  = "0.6 0.6 0.6 0.0";

sizes [0]  = 0.5;
sizes [1]  = 0.75;
sizes [2]  = 1.5;

times [0]  = 0.0;
times [1]  = 0.5;
times [2]  = 1.0; };

datablock ParticleEmitterData (ChimneySmokeEmitter)
{ ejectionPeriodMS = 20;
periodVarianceMS = 5;

ejectionVelocity = 0.25;
velocityVariance = 0.10;

thetaMin = 0.0;
thetaMax = 90.0;

particles = ChimneySmoke; };

datablock ParticleEmitterNodeData (ChimneySmokeEmitterNode)
{ timeMultiple = 1; };

datablock ParticleData (CottageSmoke)
{ textureName = " ~/data/shapes/particles/smoke";
dragCoefficient = 0.0;
gravityCoefficient = 0.02; //rises slowly
inheritedVelFactor = 0.00;
lifetimeMS = 3000;
lifetimeVarianceMS = 250;
useInvAlpha = false;
spinRandomMin = -30.0;
spinRandomMax = 30.0;

colors [0]  = "0.0 0.0 0.0 0.0";
colors [1]  = "0.2 0.2 0.2 0.1";
colors [2]  = "0.0 0.0 0.0 0.0";
```

```
sizes  [0]  = 0.5;
sizes  [1]  = 0.75;
sizes  [2]  = 1.5;

times  [0]  = 0.0;
times  [1]  = 0.5;
times  [2]  = 1.0; };

datablock ParticleEmitterData (CottageSmokeEmitter)
{ ejectionPeriodMS = 20;
periodVarianceMS = 5;

ejectionVelocity = 0.0;
velocityVariance = 0.0;

thetaMin = 0.0;
thetaMax = 90.0;

particles = CottageSmoke; };

datablock ParticleEmitterNodeData (CottageSmokeEmitterNode)
{ timeMultiple = 1; };

datablock ParticleData (ChimneyFire1)
{ textureName = " ~/data/shapes/particles/smoke";
dragCoefficient = 0.0;
gravityCoefficient = -0.3;  //rises slowly
inheritedVelFactor = 0.00;
lifetimeMS = 500;
lifetimeVarianceMS = 250;
useInvAlpha = false;
spinRandomMin = -30.0;
spinRandomMax = 30.0;

colors  [0]  = "0.8 0.6 0.0 0.1";
colors  [1]  = "0.8 0.6 0.0 0.1";
colors  [2]  = "0.0 0.0 0.0 0.0";

sizes  [0]  = 1.0;
sizes  [1]  = 1.0;
```

```
sizes [2]  = 5.0;

times [0]  = 0.0;
times [1]  = 0.5;
times [2]  = 1.0; };

datablock ParticleData (ChimneyFire2)
{ textureName = " ~ /data/shapes/particles/smoke";
dragCoefficient = 0.0;
gravityCoefficient = - 0.5; //rises slowly
inheritedVelFactor = 0.00;
lifetimeMS = 800;
lifetimeVarianceMS = 150;
useInvAlpha = false;
spinRandomMin = - 30.0;
spinRandomMax = 30.0;

colors [0]  = "0.6 0.6 0.0 0.1";
colors [1]  = "0.6 0.6 0.0 0.1";
colors [2]  = "0.0 0.0 0.0 0.0";

sizes [0]  = 0.5;
sizes [1]  = 0.5;
sizes [2]  = 0.5;

times [0]  = 0.0;
times [1]  = 0.5;
times [2]  = 1.0; };

datablock ParticleEmitterData (ChimneyFireEmitter)
{ ejectionPeriodMS = 15;
periodVarianceMS = 5;

ejectionVelocity = 0.25;
velocityVariance = 0.10;

thetaMin = 0.0;
thetaMax = 90.0;

particles = "ChimneyFire1" TAB "ChimneyFire2"; };
```

```
datablock ParticleEmitterNodeData（ChimneyFireEmitterNode）
{ timeMultiple =1 ; } ;

datablock ParticleData（TorchFire1）
{ textureName = " ~ /data/shapes/particles/smoke" ;
dragCoefficient =0. 0 ;
gravityCoefficient = -0. 3 ; //rises slowly
inheritedVelFactor =0. 00 ;
lifetimeMS =500 ;
lifetimeVarianceMS =250 ;
useInvAlpha = false ;
spinRandomMin = -30. 0 ;
spinRandomMax =30. 0 ;

colors ［0］ = "0. 6  0. 6  0. 0  0. 1" ;
colors ［1］ = "0. 8  0. 6  0. 0  0. 1" ;
colors ［2］ = "0. 0  0. 0  0. 0  0. 1" ;

sizes ［0］ =0. 5 ;
sizes ［1］ =0. 5 ;
sizes ［2］ =2. 4 ;

times ［0］ =0. 0 ;
times ［1］ =0. 5 ;
times ［2］ =1. 0 ; } ;

datablock ParticleData（TorchFire2）
{ textureName = " ~ /data/shapes/particles/smoke" ;
dragCoefficient =0. 0 ;
gravityCoefficient = -0. 5 ; //rises slowly
inheritedVelFactor =0. 00 ;
lifetimeMS =800 ;
lifetimeVarianceMS =150 ;
useInvAlpha = false ;
spinRandomMin = -30. 0 ;
spinRandomMax =30. 0 ;

colors ［0］ = "0. 8  0. 6  0. 0  0. 1" ;
colors ［1］ = "0. 6  0. 6  0. 0  0. 1" ;
colors ［2］ = "0. 0  0. 0  0. 0  0. 1" ;
```

```
sizes [0]  =0. 3;
sizes [1]  =0. 3;
sizes [2]  =0. 3;

times [0]  =0. 0;
times [1]  =0. 5;
times [2]  =1. 0; };

datablock ParticleEmitterData (TorchFireEmitter)
{ ejectionPeriodMS =15;
periodVarianceMS =5;

ejectionVelocity =0. 25;
velocityVariance =0. 10;

thetaMin =0. 0;
thetaMax =45. 0;

particles = "TorchFire1"TAB"TorchFire2"; };

datablock ParticleEmitterNodeData (TorchFireEmitterNode)
{ timeMultiple =1; };

datablock ParticleData (FliesParticle)
{ textureName = " ~/data/shapes/particles/firefly";
dragCoefficient =0. 0;
windCoefficient =5. 0;
gravityCoefficient =0. 0;
inheritedVelFactor =0. 00;
lifetimeMS =8000;
lifetimeVarianceMS =0;
useInvAlpha =false;
spinRandomMin = -90. 0;
spinRandomMax =90. 0;

colors [0]  ="0 0 0 0";
colors [1]  ="1 0 0 1";
colors [2]  ="1 1 0 1";
colors [3]  ="0 0 0 0";
```

```
sizes [0]  = 0. 0;
sizes [1]  = 0. 15;
sizes [2]  = 0. 2;
sizes [3]  = 0. 0;

times [0]  = 0. 0;
times [1]  = 0. 1;
times [2]  = 0. 5;
times [3]  = 1. 0; };

datablock ParticleEmitterData (FliesEmitter)
{ ejectionPeriodMS = 300;
periodVarianceMS = 0;

ejectionVelocity = 3;
velocityVariance = 1. 00;
ejectionOffset = 1. 0;

thetaMin = 75. 0;
thetaMax = 90. 0;

phiReferenceVel = 360. 00;
phiVariance = 360. 00;

particles = "FliesParticle"; };

datablock ParticleEmitterNodeData (FliesNode)
{ timeMultiple = 1; };

datablock ParticleData (EmberParticle)
{ textureName = " ~ /data/shapes/particles/ember";
dragCoefficient = 0. 0;
windCoefficient = 0. 0;
gravityCoefficient = -0. 05;  //rises slowly
inheritedVelFactor = 0. 00;
lifetimeMS = 5000;
lifetimeVarianceMS = 0;
useInvAlpha = false;
spinRandomMin = -90. 0;
spinRandomMax = 90. 0;
```

```
colors [0]    = "1. 000000  0. 800000  0. 000000  0. 800000";
colors [1]    = "1. 000000  0. 700000  0. 000000  0. 800000";
colors [2]    = "1. 000000  0. 000000  0. 000000  0. 200000";

sizes [0]    = 0. 05;
sizes [1]    = 0. 1;
sizes [2]    = 0. 05;

times [0]    = 0. 0;
times [1]    = 0. 5;
times [2]    = 1. 0; };

datablock ParticleEmitterData (EmberEmitter)
{ ejectionPeriodMS = 100;
periodVarianceMS = 0;

ejectionVelocity = 0. 75;
vclocityVariance = 0. 00;
ejectionOffset = 2. 0;

thetaMin = 1. 0;
thetaMax = 100. 0;

particles = "EmberParticle"; };

datablock ParticleEmitterNodeData (EmberNode)
{ timeMultiple = 1; };

datablock ParticleData (CampFireParticle)
{ textureName = " ~ /data/shapes/particles/smoke";
dragCoefficient = 0. 0;
windCoefficient = 0. 0;
gravityCoefficient = - 0. 3;  //rises slowly
inheritedVelFactor = 0. 00;
lifetimeMS = 5000;
lifetimeVarianceMS = 1000;
useInvAlpha = false;
spinRandomMin = - 90. 0;
spinRandomMax = 90. 0;
spinSpeed = 1. 0;
```

```
colors〔0〕= "0.2 0.2 0.0 0.2";
colors〔1〕= "0.6 0.2 0.0 0.2";
colors〔2〕= "0.4 0.0 0.0 0.1";
colors〔3〕= "0.1 0.04 0.0 0.3";

sizes〔0〕= 0.5;
sizes〔1〕= 4.0;
sizes〔2〕= 5.0;
sizes〔3〕= 6.0;

times〔0〕= 0.0;
times〔1〕= 0.1;
times〔2〕= 0.2;
times〔3〕= 0.3; };

datablock ParticleEmitterData（CampFireEmitter）
{ ejectionPeriodMS = 50;
periodVarianceMS = 0;

ejectionVelocity = 0.55;
velocityVariance = 0.00;
ejectionOffset = 1.0;

thetaMin = 1.0;
thetaMax = 100.0;

particles = "CampFireParticle"; };

datablock ParticleEmitterNodeData（CampFireNode）
{ timeMultiple = 1; };
```

完成上述步骤后，打开"example\tutorial. base\server"目录的 game. cs 文件，在onServerCreated（）区段最后加入语句 exec（". /campfires. cs"）；添加完毕后保存；进入World Editor，按 F11 进入编辑状态，按 F4 进入 window\World Editor Creator 模式。在场景编辑器右下角创建区点击 Mission objects\Environment\ParticleEmitter，会弹出一个对话框。第一行 Objects Name 旁边可以输入这个粒子的名字（可以任意起名）。我们可以根据不同的需要，选择不同的粒子构建真实的营火。对比一下营火和瀑布就会发现其实两个粒子效果是差不多的，除了定义语句块的问题。如果我们把瀑布的颜色变成黄色，然后绕着 Z 轴翻转 180 度，就成了营火。如图 5 - 19 所示。

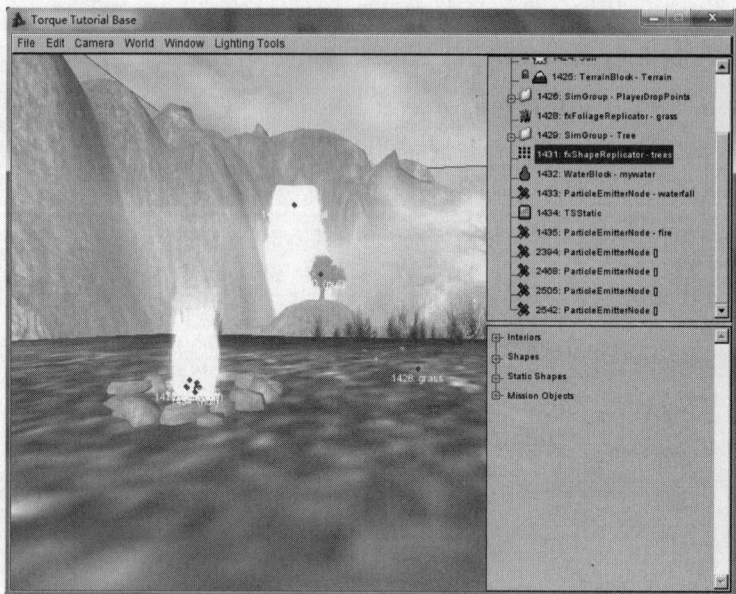

图 5 - 19　营火与瀑布的对照

第四节　天气效果

学习了粒子系统中比较常用的瀑布和营火后，作为粒子系统的另一个大应用——天气效果，我们掌握起来就更加的简单了。我们先来看看雨是如何制作的。

一、雨

在雨的制作过程中，我们需要用到雨滴的素材，这种素材是保留透明格式的 PNG 图片。如果没有图片，可以在 Torque 自带的例子中找到相同的素材来代替。starter. fps 例子中几乎包含了所有的场景文件，我们可以尝试在这个例子里去找，将做好的图片或者找到的图片素材放置在一个文件夹里。本例中我们将素材图像放在 environment 文件夹中，并将此文件夹放置在 data 目录下。接下来我们就要写入雨天的脚本文件了。创建一个新的 CS 文档（用记事本程序即可），复制下面的代码进去。

```
datablock PrecipitationData（HeavyRain2）
{ dropTexture = " ~ /data/environment/mist" ;
splashTexture = " ~ /data/environment/mist2" ;
dropSize = 10 ;
splashSize = 0. 1 ;
useTrueBillboards = false ;
splashMS = 250 ; } ;
```

```
datablock PrecipitationData （HeavyRain3）
{ dropTexture = " ～/data/environment/shine";
splashTexture = " ～/data/environment/mist2";
dropSize = 20;
splashSize = 0.1;
useTrueBillboards = false;
splashMS = 250; };

datablock PrecipitationData （HeavyRain）
{ dropTexture = " ～/data/environment/rain";
splashTexture = " ～/data/environment/water_splash";
dropSize = 0.35;
splashSize = 0.1;
useTrueBillboards = false;
splashMS = 500; };
```

将其保存成为 rain.cs 文件，放置在 example\tutorial.base\server 文件夹下。完成上述步骤后，打开 "example\tutorial.base\server" 目录下的 game.cs 文件，在 onServerCreated （）区段最后加入语句 exec （"./rain.cs"）；添加完毕后保存。进入 World Editor，按 F11 键进入编辑状态，按 F4 进入 window\World Editor Creator 模式。在右下角创建区点击 Mission objects\Environment\Precipitation，弹出对话框，我们随便输入雨天对象的名字即可。如图 5－20 所示。

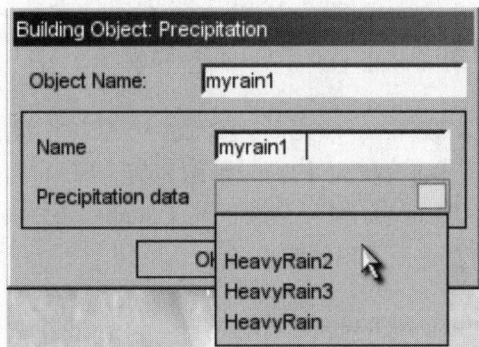

图 5－20 创建雨天的对话框

在 precipitation data 选项中我们可以看到刚才定义的三个雨天的数据块，为什么要定义三个数据块？因为一种粒子可能表现的效果不太明显，我们要做几个辅助的效果，这样才能让所要表现的粒子效果更加明显。因此我们这里做了三个数据块，heavyrain 是作为主要的效果对象，另外两个是辅助效果对象。添加进去以后就将雨天对象移动到合适的位置。看不到雨天效果？没事，进入 window\World Editor Inspector 模式，设置一下刚才添加的雨天的属性。如图 5 – 21 所示。看看是不是已经有了雨天的效果了？

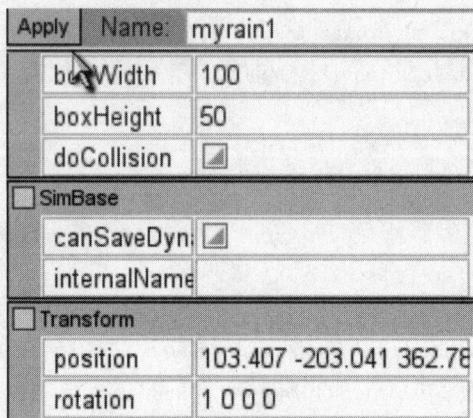

图 5 – 21　雨天属性的设置

设置完属性以后，可以把刚才定义的另外两个辅助雨天数据块对象也添加进来，是不是觉得机器的处理能力马上跟不上了？画面一帧一帧地出现？所以我们必须设置一下属性才行。如图 5 – 22 所示。当然，也可以多次修改属性，直到达到我们满意的效果为止。

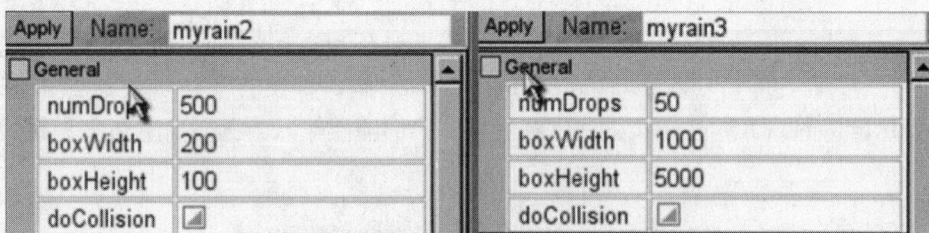

图 5 – 22　辅助雨天数据块对象的属性设置

设置完成后就得到雨天的效果。做完以后看看，雨天效果不错。等等，好像还缺点什么？对，下雨的时候总是有声音的，我们再给雨天加个雨天的音效吧。找到一个雨天的音效，如本例中被放置在"data\sound"目录下名为 amb. ogg 的雨天音效文件，打开刚才保存的 rain. cs 文件，在前面键入下列语句块：

datablock AudioProfile（HeavyRainSound）
{filename = " ~ /data/sound/amb. ogg";
description = AudioLooping2d; };

把原来创建的 HeavyRain 语句块修改成下面的代码：

datablock PrecipitationData（HeavyRain）
{ soundProfile = "HeavyRainSound";

```
dropTexture = " ~/data/environment/rain";
splashTexture = " ~/data/environment/water_splash";
dropSize = 0.35;
splashSize = 0.1;
useTrueBillboards = false;
splashMS = 500; }
```

在"server"目录下新建一个"audioProfiles.cs"的文件,再打开"audioProfiles.cs"。我们来加入雨景声音的描述,然后保存该脚本。

```
datablock AudioDescription(AudioLooping2D)
{ volume = 1.0;
isLooping = true;
is3D = false;
type = $SimAudioType; };
```

完成后,打开 server 目录下的 game.cs 文件,在 onServerCreated()区段最后加入语句 exec(" ./audioProfiles.cs");添加完毕后保存。重新打开 Torque,怎么样?是不是听到声音了!至此,一个完整的雨天效果就做好了。如图 5-23 所示。

图 5-23 完整的雨天效果

二、雪

完成了雨天的制作,大雪纷飞的雪天又如何制作呢?聪明的你或许已经想到了,仿照定义雨天的语句块写一个创建雪的语句块,不同之处在于引入图片素材时将雨天的素材换成雪的素材。其他的属性可以自己调整，比如下雪天的声音文件，雪花的大小和雪花落地时溅起的大小等等，这里不再赘述，以下给出一个雪天的语句块定义，仅供读者参考。

```
datablock PrecipitationData （HeavySnow）
{ dropTexture = " ~ /data/environment/snow" ;
splashTexture = " ~ /data/environment/snow" ;
dropSize = 0. 27 ;
splashSize = 0. 27 ;
useTrueBillboards = false ;
splashMS = 50 ; } ;
```

三、雷电

学会了制作雨景、雪景以后，如何做一个雷电的效果呢？比如在一个漫天大雨的夜晚，雷电交加？接下来我们在雨景的例子中加入雷电，制作一个大雨倾盆，雷鸣电闪的夜景场景。

首先，我们要将上节做的雨景变成夜雨景，修改一下 Sky 和 Sun 的参数，让白天变成黑夜。

先设置 Sky 的属性。如图 5－24 所示，将雾的颜色设置为黑色，可见距离设置为 300，雾的可见距离设置为 200，将雾的浓度 fogVolume1 设置成 1000 0 1000。这时候天空是不是暗下来了？

图 5 –24　天空属性设置

设置完天空的属性后，将太阳的属性也设置一下，把 color 属性和 ambient 属性设置为暗色，ambient 得到的场景如图 5 – 25 所示。

图 5 - 25 设置完成的黑夜场景

制作雷电之前，我们需要一些雷电的图片。本例中使用的雷电图片是程序自带的例子 demo 中 environment 下的雷电图片。我们将此图片复制，放置到 data\environment 文件夹中。还需要一些雷电的音频文件，本例将音频文件放在 data\sound 路径下。接下来自己写一个定义闪电的语句块。

```
datablock AudioProfile (ThunderCrash1Sound)
{ filename = " ~/data/sound/thunder1. ogg";
description = Audio2d; } ;

datablock AudioProfile (ThunderCrash2Sound)
{ filename = " ~/data/sound/thunder2. ogg";
description = Audio2d; } ;

datablock AudioProfile (ThunderCrash3Sound)
{ filename = " ~/data/sound/thunder3. ogg";
description = Audio2d; } ;

datablock AudioProfile (ThunderCrash4Sound)
{ filename = " ~/data/sound/thunder4. ogg";
description = Audio2d; } ;

datablock LightningData (LightningStorm)
{ strikeTextures [0] = " ~/data/environment/lightning1frame1";
strikeTextures [1] = " ~/data/environment/lightning1frame2";
strikeTextures [2] = " ~/data/environment/lightning1frame3";
```

```
thunderSounds [0] = ThunderCrash1Sound;
thunderSounds [1] = ThunderCrash2Sound;
thunderSounds [2] = ThunderCrash3Sound;
thunderSounds [3] = ThunderCrash4Sound; };
```

完成数据块定义后，还需要在 server 文件夹下的 audioProfiles. cs 文件里加入声音的描述，然后保存此脚本。

```
datablock AudioDescription （Audio2d）
{ volume = 1. 0;
isLooping = false;
is3D = false;
type = $SimAudioType; };
```

所有前面的步骤都完成后，进入 World Editor，按 F11 进入编辑状态，按 F4 进入 window\World Editor Creator 模式。在右下角创建区点击 Mission objects\Environment\Lighting，弹出对话框，我们随便输入闪电对象的名字即可，如图 5 – 26 所示。

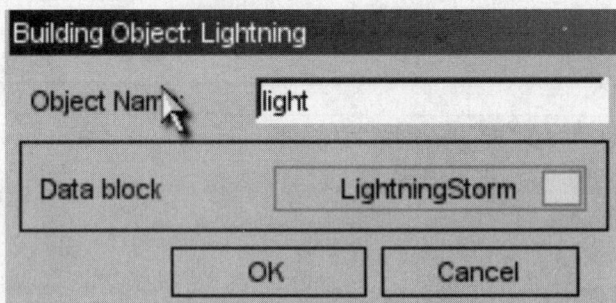

图 5 – 26　创建闪电的对话框

完成以后是不是已经听到打雷的声音了？如果觉得闪电还不够明显，可设置其属性如图 5 – 27 所示。

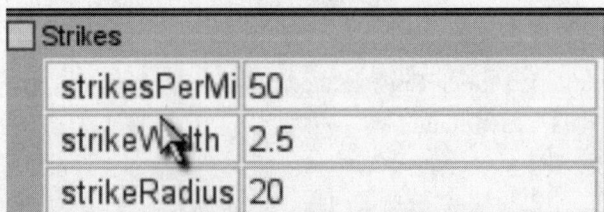

图 5 – 27　闪电属性设置

这个时候再回到游戏，伴随着轰鸣的雷声，一道道闪电在黑色的天幕上轮番绽放。如图 5 – 28 所示。

图 5－28　设置完成的闪电场景

四、沙尘暴

学习制作了雨景、雪景、闪电等天气效果后，我们来看看如何制作沙尘暴天气效果。学过了前面的雨雪天，沙尘暴的制作也就简单了。我们只需要将下雨天的雨滴换成沙尘，将天空的材质换成土黄色，将雾的颜色设置成土黄色，一个沙尘暴就完成了。按照刚才的思路，我们动手吧。

需要的素材——沙尘暴的声音、天空材质和地面纹理，这些可以自己在图像处理软件里制作。当然，我们也可以从 torque 自带的 demo 里找到，将其放置到合适的文件夹下后，用我们刚开始学习换掉棋格地形的步骤将地面材质换成比较干裂的材质。将天空的属性修改后，天空变成了土黄色，主要修改天空的 materialList 属性。如图 5－29 所示。需要的是 dml 文件。本例所用的 dml 文件来自 torque 自带的例子 starter. fps。

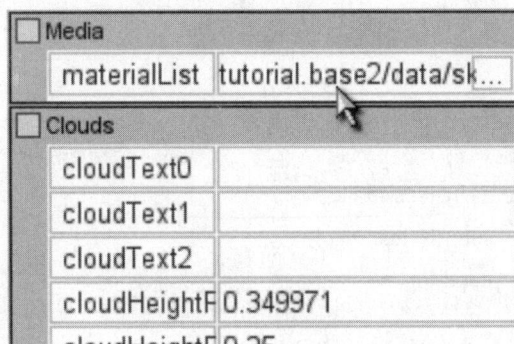

图 5－29　天空的 materialList 属性设置

效果如图 5－30 所示。

图5－30　沙尘暴的天空效果

完成后，编写沙尘数据块。输入下列代码，给沙尘暴天气加载音频的步骤与给雨景加载音频的步骤一样，此处不再赘述。

```
datablock AudioProfile（Sandstormsound）
{filename = " ~/data/sound/waste. ogg"；
description = AudioLooping2d；
volume = 1. 0；}；

datablock PrecipitationData（Sandstorm）
{soundProfile = "Sandstormsound"；

dropTexture = " ~/data/environment/sandstorm"；
splashTexture = " ~/data/environment/sandstorm2"；
dropSize = 10；
splashSize = 2；
useTrueBillboards = false；
splashMS = 250；}；

datablock AudioProfile（dustsound）
{filename = " ~/data/sound/dust. ogg"；
description = AudioLooping2d；}；

datablock PrecipitationData（dustspecks）
{soundProfile = "dustsound"；

dropTexture = " ~/data/environment/dust"；
splashTexture = " ~/data/environment/dust2"；
```

```
dropSize = 0. 25 ;
splashSize = 0. 25 ;
useTrueBillboards = false ;
splashMS = 250 ; } ;
```

完成上述的代码以后，进入 World Editor，按 F11 进入编辑状态，按 F4 进入 window\
World Editor Creator 模式。在右下角创建区点击 Mission objects\Environment\Precipition，弹
出对话框，我们随便输入沙尘对象的名字即可。如图 5 – 31 所示。

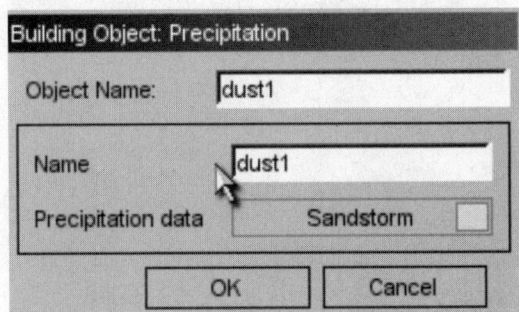

图 5 – 31　创建沙尘的对话框

调整参数，设置好位置，就可以得到如图 5 – 32 所示的沙尘暴天气。

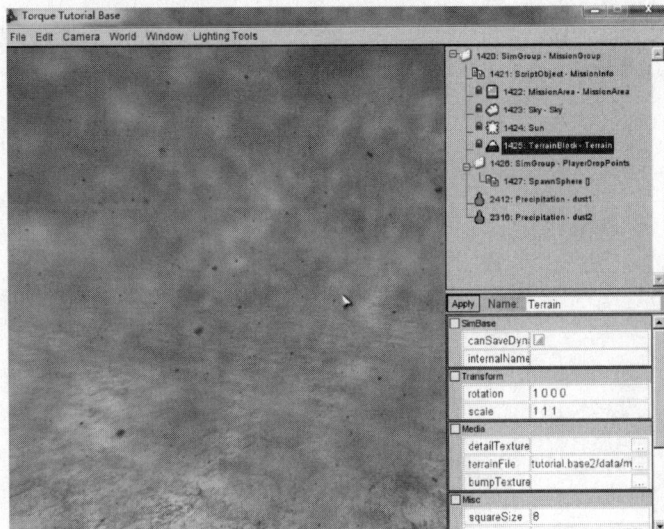

图 5 – 32　设置完成后的沙尘暴场景

本章我们学习了游戏世界里比较常见的环境制作，从最简单的山地、地面材质的变
化，到最后的粒子系统、天气效果都是用粒子系统来完成的。游戏环境的制作用我们本章
学习的知识基本上都能解决。比如我们要制作一个露天集会后地面上留下大量纸屑的场
景，本章里面没有讲述如何来完成，但是我们学习了如何制作一片草地，同样的道理，只

需把草地的素材图换成纸屑的素材就可以了。这些基本的环境制作学会后，剩下的只需要我们学会变通就可以完成。章节中所有的素材、代码、游戏世界的任务都附有源代码供学习者参考。具体源代码见 tutorial. base1 和 tutorial. base2 任务文件夹。

思考练习题

1. 创建一个游戏环境，包含高山、瀑布和湖泊，加入雪地地表纹理效果。
2. 在第一题的基础上加入下雪天效果，放入静态树木效果。
3. 在第一题的基础上创建游戏夜景环境，加入雷电和营火效果。
4. 创建一个沙尘暴天气效果。

第六章 制作游戏角色与武器

第一节 游戏玩家角色

在 torque 自带的 tutorial. base 实例中，默认的游戏玩家是一个蓝色的方块人。首先，我们按下 F11 进入游戏状态，接着按下 Alt + C 键进入游戏玩家视角，最后按下 tab 键就可以看到蓝色方块人了。如图 6 - 1 所示。

图 6 - 1 蓝色方块人

首先，让我们和蓝色方块人说再见。要替换蓝色方块人，我们需要静态人物模型的 DTS 文件，也需要人物动画的 DSQ 文件。静态模型可以用 3DSMAX 等三维制作软件完成，DSQ 文件需要用插件从三维制作软件中导出。本章中使用的人物模型和人物运动文件均来自 torque 程序中的实例 starter. fps 和 demo。

为了防止文件出现修改错误等意外，首先我们要备份 tutorial. base1 文件夹。完成后打开 tutorial. base1\data\shapes 目录，将原来的 player 文件夹命名为 bak_player（此文件夹里记录着蓝色方块人的所有模型、动作等文件）。然后将 starter. fps\data\shapes 目录下的 player 文件夹拷贝到 tutorial. base1\data\shapes 目录下。完成准备工作后，打开 player 文件夹，里面应该有一个名称为 player. cs 的文件，里面记录的内容如下：

```
datablock TSShapeConstructor( PlayerDts)
{ baseShape = ". /player. dts";
sequence0 = ". /player_ root. dsq root";
sequence1 = ". /player_forward. dsq run";
sequence2 = ". /player_ back. dsq back";
sequence3 = ". /player_ side. dsq side";
sequence4 = ". /player_lookde. dsq look";
sequence5 = ". /player_ head. dsq head";
sequence6 = ". /player_ fall. dsq fall";
sequence7 = ". /player_ land. dsq land";
sequence8 = ". /player_ jump. dsq jump";
sequence9 = ". /player_diehead. dsq death1";
sequence10 = ". /player_ diechest. dsq death2";
sequence11 = ". /player_ dieback. dsq death3";
sequence12 = ". /player_ diesidelf. dsq death4";
sequence13 = ". /player_ diesidert. dsq death5";
sequence14 = ". /player_ dieleglf. dsq death6";
sequence15 = ". /player_ dielegrt. dsq death7";
sequence16 = ". /player_ dieslump. dsq death8";
sequence17 = ". /player_ dieknees. dsq death9";
sequence18 = ". /player_ dieforward. dsq death10";
sequence19 = ". /player_ diespin. dsq death11";
sequence20 = ". /player_ looksn. dsq looksn";
sequence21 = ". /player_ lookms. dsq lookms";
sequence22 = ". /player_ scoutroot. dsq scoutroot";
sequence23 = ". /player_ headside. dsq headside";
sequence24 = ". /player_ recoilde. dsq light_ recoil";
sequence25 = ". /player_ sitting. dsq sitting";
sequence26 = ". /player_ celsalute. dsq celsalute";
sequence27 = ". /player_ celwave. dsq celwave";
sequence28 = ". /player_ standjump. dsq standjump";
sequence29 = ". /player_ looknw. dsq looknw"; };
```

    这个文件定义了一个 TSShapeConstructor 语句块,第一句 baseShape 表示的是引用的玩家角色的静态模型,后面的 sequence0 ~ sequence29 都是玩家角色的动作序列,这些序列包含了玩家跑步前进、后退、左移、右移、跳跃等动作。如果没有这个文件,请创建此文件,并输入上述代码,完成后保存并关闭。再打开 tutorial. base1 \ server 下的 player. cs 文件。注释掉或者删除下列代码:

```
datablock TSShapeConstructor( PlayerDts)
{ baseShape = " ~ /data/shapes/player/player. dts";
sequence0 = " ~ /data/shapes/player/player_ root. dsq root";
sequence1 = " ~ /data/shapes/player/player_ forward. dsq run";
sequence2 = " ~ /data/shapes/player/player_ back. dsq back";
sequence3 = " ~ /data/shapes/player/player_ side. dsq side";
sequence4 = " ~ /data/shapes/player/player_ fall. dsq fall";
sequence5 = " ~ /data/shapes/player/player_ land. dsq land";
sequence6 = " ~ /data/shapes/player/player_ jump. dsq jump";
sequence7 = " ~ /data/shapes/player/player_ standjump. dsq standjump";
sequence8 = " ~ /data/shapes/player/player_ lookde. dsq look";
sequence9 = " ~ /data/shapes/player/player_ head. dsq head";
sequence10 = " ~ /data/shapes/player/player_ headside. dsq headside";
sequence11 = " ~ /data/shapes/player/player_ celwave. dsq celwave"; };
```

为什么要删除此代码？因为这些代码是记录蓝色方块人的，我们现在需要用新的玩家序列，因此要将其注释掉或者删除掉。在刚才注释或者删除掉的地方键入下列代码：

```
exec （". /data/shapes/player/player. cs" ）；
```

键入此行代码的作用是调用 data/shapes/player/player. cs 文件中的模型和序列来控制玩家角色。

完成上述步骤后，运行 torqueDemo. exe 进入游戏，此时，我们会发现蓝色方块人已经变成了 starter. fps 例子中的兽人。如图 6 - 2 所示。

图 6 - 2　替换后的兽人

如果要换成其他的人物模型，道理也是一样的。我们可以复制 example\demo\data\shapes 目录下的 tge_elf 文件夹过来，此文件夹里放置的是另外一个人物模型及其动作序列。完成修改后在游戏里显示效果如图 6-3 所示。

图 6-3　替换另一个人物后的效果

完成玩家美术资源的替换以后我们来看看 torque 中的玩家角色机制。在制作游戏之前，我们需要把玩家的模型和动画制作出来；制作完成以后我们将模型资源和动画资源导入到游戏里去测试。通常来说，游戏里有建筑模型、人物模型、道具模型三种。Torque 中角色模型、道具模型是 DTS 格式的，可以用 3DSMAX 等三维制作软件来完成建模，最后使用插件将模型导出成为 DTS 格式文件，这些模型是静态的。如果要让模型动起来，则需要添加动画文件。torque 支持骨骼动画，比如我们刚才看到的角色的跑动、跳跃、后退等动画（或称为动作序列）可以从 3DSMAX 中运用插件导出并保存成为一个扩展名为 DSQ 的文件，这个 DSQ 文件是 torque 可以识别的。如果我们要创建一个玩家角色，就必须准备好角色的模型、角色的动画、角色的贴图以及脚本文件。

在本例中，我们有两个角色模型，一个位于 tutorial. base1\data\shapes\player 目录下，另一个位于 tutorial. base1\data\shapes\tge_ elf 目录下。随便打开一个目录，可以看到主要有四种文件格式，其对应的功能如表 6-1 所示。

表 6-1　四种文件格式对应的功能

文件类型	文件扩展名	文件作用
贴图文件	JPG 或 PNG	角色贴图
模型文件	DTS	角色模型
动画文件	DSQ	角色动画
脚本文件	CS	脚本控制

DTS 模型和 DSQ 文件在 windows 下不能预览，只能通过 TorqueShowToolPro. exe 程序来查看。

图 6-4 中蓝色的线条是角色的骨骼，黄色的节点是表示角色的关节点。通过骨骼和关节点来控制角色的动画。

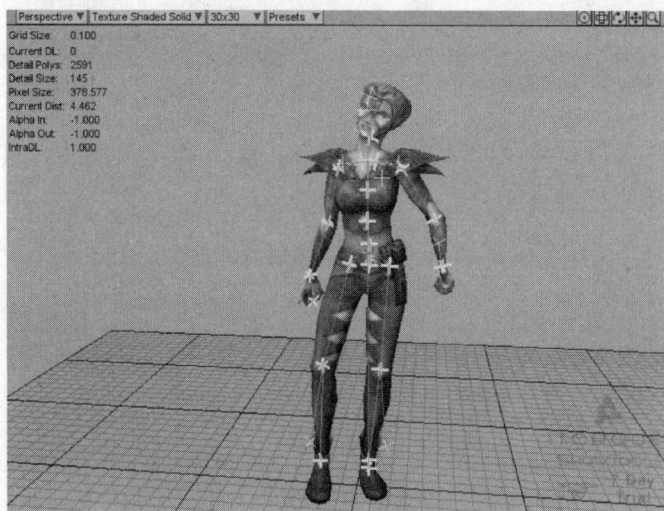

图 6-4　角色的骨骼与关节点

在 torque 中，创建角色要分两个步骤：一是创建角色的数据集；二是创建角色对象。角色数据集的完整定义在引擎自带的例子 starter. fps\server\scripts\player 目录的 player. cs 文件中。打开 tutorial. base1\server 目录下的 player. cs 文件，将 PlayerData（PlayerBody）的语句块定义重新写成下列代码：

datablock PlayerData（PlayerBody）
{ className = Armor；
renderFirstPerson = false；
shapeFile = " ~/data/shapes/tge_ elf/elf. dts"；
emap = true；
cameraMaxDist = 3；
mass = 80；
density = 10；
drag = 0. 07；
maxdrag = 0. 5；
maxDamage = 100；
maxEnergy = 200；
runForce = 50 * 90；
maxForwardSpeed = 19；

```
maxBackwardSpeed = 14 ;
maxSideSpeed = 15 ;
jumpForce = 10 * 90 ;
runSurfaceAngle = 70 ;
jumpSurfaceAngle = 60 ;
minJumpSpeed = 22 ;
maxJumpSpeed = 30 ; } ;
```

以上就定义了我们创建的角色所具有的属性。刚一创建的角色数值就是上面所定义的，每个属性所对应的功能如表6-2所示。

表6-2　角色属性及其对应功能

属　　性	属性描述
className	定义一个类名
renderFirstPerson	是否使角色模型在第一人称视角模式下可见
shapeFile	角色模型的存放路径
Emap	是否开启角色模型的环境映射
cameraMaxDist	在第三人称视角下角色到照相机的最大距离
Mass	角色自己本身的质量（在游戏世界中）
Density	角色自己本身的密度（在游戏世界中）
Drag	角色自己本身的摩擦力
Maxdrag	允许的最大摩擦力
maxDamage	角色能承受的最大伤害值
maxEnergy	角色最大能量值
runForce	起跑时的力量
maxForwardSpeed	角色向前移动的最大速度
maxBackwardSpeed	角色向后移动的最大速度
maxSideSpeed	角色向旁边移动的最大速度
jumpForce	起跳时的最大力量
runSurfaceAngle	角色能跑上去的最大坡度
jumpSurfaceAngle	角色能跳上去的最大坡度
minJumpSpeed	低于这个速度，角色不能起跳
maxJumpSpeed	高于这个速度，角色不能起跳

定义了这个数据集以后，我们可以根据这个数据集来创设若干角色对象。在创建角色数据集的下面我们加入创建角色对象的代码：

```
function GameConnection :: CreatePlayer （％this，％spawnPoint）
    {if （％this. player >0）
                {Error （"Attempting to create an angus ghost!"）; }
    ％player = new Player （）
                {dataBlock = PlayerBody；//玩家来自于哪个数据集
                client = ％this; } ;
    ％player. setTransform （％spawnPoint）; //刚出生的玩家角色在哪里出现
    ％this. player = ％player;
    ％this. setControlObject （％player）; }
```

我们给玩家角色添加了这么多的属性，但如何确定玩家角色是否具有这些属性呢？下面通过一个例子来看看玩家角色所能承受的最大伤害值的情况（即玩家的生命值）。为了测试这个属性，我们加上营火模型，用学过的营火粒子来构建一个营火。如图 6－5 所示。

图 6－5　营火的场景

我们假定当玩家角色进入营火范围以后，会被营火伤害而死亡。玩家从前进状态变成死亡状态，需要加载死亡状态的动画。首先在 server 文件夹下创设文件 triggers. cs 文件，键入以下内容：

```
datablock TriggerData （DefaultTrigger）
{tickPeriodMS = 100; } ;

function DefaultTrigger :: onEnterTrigger （％this，％trigger，％obj）
{％obj. applyDamage （300）;
if （％obj. getState （）$ = "Dead"）
{％obj. setActionThread （"death1"）; } }
```

完成后保存。此文件首先创设了一个语句块（触发器），后面调用了玩家角色进入触发器以后会触发的函数,％obj. applyDamage（300）表示给玩家角色伤害为300。因为我们定义的玩家数据集中玩家能承受的最大伤害值是100，因此这一语句执行以后玩家已经死亡，后面的语句为判断若玩家死亡，调用玩家角色动画"death1"。保存好以后，在server目录下，打开game. cs文件，在onServerCreated（）函数中加入以下语句：exec（". /triggers. cs"）。完成后，进入World Editor，按F11键进入编辑状态，按F4进入window\World Editor Creator模式。在场景编辑器右下角创建区点击Mission objects\Mission\Trigger，然后它会弹出一个对话框，在第一行输入名称，本例中输入名称为Trigger，选择默认的数据块。如图6－6所示。

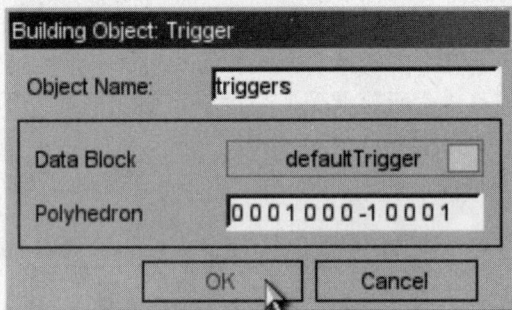

图6－6　创建触发器

确定以后就会出现一个黄色的小盒子，这个盒子的区域就是触发器的区域，按"Alt +鼠标左键"是旋转，按"Alt + Ctrl + 鼠标左键"是缩放。调整触发器的位置，将其放置在营火上。完成后按下F11键，按下Alt + C键，切换成玩家角色模式，按下Tab键，将摄像机放置在玩家角色身后，移动玩家角色进入营火范围，玩家角色就死亡了。如图6－7所示。

图6－7　玩家触火死亡

第二节 AI 的实现

在很多游戏里，我们都将敌对方的角色称为 AI。当然，在很多游戏里，并不仅仅只有敌对角色，可能还有一些帮助游戏玩家的或者中立的角色，在 RPG 游戏中我们可能也称他们为 NPC（Non-Player Character，非玩家控制角色）。或者，我们还将在第一人称射击游戏中出现的敌对角色称为 BOT，BOT 是 robots（机器人）的简称。不管它叫什么，都是电脑角色，在 torque 里我们统称为 AI。如果我们没有赋予其属性的话，它是不具有任何行为的。只有当我们赋予其一定的属性之后，它们才能根据设定的行为进行活动，比如巡逻、攻击、对话、提示等。在下面的例子里，我们来完成一个实现巡逻的 AI。

在 server 下创建一个新的 CS 文件，起名为 aiPlay. cs。键入以下代码：

```
datablock PlayerData（DemoPlayer：PlayerBody）
{ shootingDelay = 2000；
shapeFile = " ~/data/shapes/player/player. dts" ; } ;

function DemoPlayer :: onReachDestination（% this,% obj）
{ if（% obj. path ! $ = " "）
{ if（% obj. currentNode = = % obj. targetNode）
% this. onEndOfPath（% obj,% obj. path）；
else
% obj. moveToNextNode（）; } }

function DemoPlayer :: onEndOfPath（% this,% obj,% path）
{ % obj. nextTask（）; }

function DemoPlayer :: onEndSequence（% this,% obj,% slot）
{ echo（"Sequence Done!"）；
% obj. stopThread（% slot）；
% obj. nextTask（）; }

function AIPlayer :: spawn（% name,% spawnPoint）
{ % player = new    AiPlayer（）
{ dataBlock = DemoPlayer；
path = " " ; } ;
MissionCleanup. add（% player）；
% player. setShapeName（% name）；
% player. setTransform（% spawnPoint）；
return % player; }
```

```
function AIPlayer :: spawnOnPath  (% name ,% path)
{ if  ( ! isObject  (% path))
return 0 ;
% node = % path. getObject  (0) ;
% player = AIPlayer :: spawn  (% name ,% node. getTransform  ( )) ;
return % player; }

function AIPlayer :: followPath  (% this ,% path ,% node)
{ % this. stopThread  (0) ;
if  ( ! isObject  (% path))
{ % this. path = " " ;
return ; }
if  (% node > % path. getCount  ( ) - 1)
% this. targetNode = % path. getCount  ( ) - 1 ;
else
% this. targetNode = % node ;
if  (% this. path  $ = % path)
% this. moveToNode  (% this. currentNode) ;
else
{ % this. path = % path ;
% this. moveToNode  (0) ; } }

function AIPlayer :: moveToNextNode  (% this)
{ if  (% this. targetNode < 0 |  | % this. currentNode < % this. targetNode)
{ if  (% this. currentNode < % this. path. getCount ( ) - 1)
% this. moveToNode  (% this. currentNode + 1) ;
else
% this. moveToNode  (0) ; }
else
if  (% this. currentNode = = 0)
% this. moveToNode  (% this. path. getCount ( ) - 1) ;
else
% this. moveToNode  (% this. currentNode - 1) ; }

function AIPlayer :: moveToNode  (% this ,% index)
{ % this. currentNode = % index ;
% node = % this. path. getObject  (% index) ;
% this. setMoveDestination  (% node. getTransform  ( ) ,% index = = % this. targetNode) ; }
```

```
function AIPlayer :: pushTask  ( % this , % method )
{ if ( % this. taskIndex  $ = " " )
{ % this. taskIndex = 0 ;
% this. taskCurrent = - 1 ; }
% this. task  [ % this. taskIndex ]  = % method ;
% this. taskIndex + + ;
if  ( % this. taskCurrent = = - 1 )
% this. executeTask  ( % this. taskIndex - 1 ) ; }

function  AIPlayer :: clearTasks  ( % this )
{ % this. taskIndex = 0 ;
% this. taskCurrent = - 1 ; }

function  AIPlayer :: nextTask  ( % this )
{ if  ( % this. taskCurrent ! = - 1 )
if  ( % this. taskCurrent < % this. taskIndex - 1 )
% this. executeTask  ( % this. taskCurrent + + ) ;
else
% this. taskCurrent = - 1 ; }

function  AIPlayer :: executeTask  ( % this , % index )
{ % this. taskCurrent = % index ;
eval  ( % this. getId ( ) @ ". " @ % this. task  [ % index ] @ " ; " ) ; }

function  AIPlayer :: singleShot  ( % this )
{ % this. setImageTrigger  ( 0 , true ) ;
% this. setImageTrigger  ( 0 , false ) ;
% this. trigger = % this. schedule  ( % this. shootingDelay , singleShot ) ; }

function  AIPlayer :: wait  ( % this , % time )
{ % this. schedule  ( % time * 1000 , " nextTask " ) ; }
function  AIPlayer :: done  ( % this , % time )
{ % this. schedule  ( 0 , " delete " ) ; }

function  AIPlayer :: fire  ( % this , % bool )
{ if  ( % bool )
{ cancel  ( % this. trigger ) ;
% this. singleShot ( ) ; }
else
cancel  ( % this. trigger ) ;
```

```
% this. nextTask ( ) ; }

function AIPlayer :: aimAt ( % this , % object)
{ echo ( "Aim:" @ % object) ;
% this. setAimObject ( % object) ;
% this. nextTask ( ) ; }

function AIPlayer :: animate ( % this , % seq)
{ % this. setActionThread ( % seq) ; }

function AIManager :: think ( % this)
{ if ( ! isObject ( % this. player) )
% this. player = % this. spawn ( ) ;
% this. schedule ( 500 , think) ; }

function AIManager :: spawn ( % this)
{ % AI = AIPlayer :: spawn ( "bot1" , pickSpawnPoint ( ) ) ;
//% AI = AIPlayer :: spawnOnPath ( "bot2" , "MissionGroup/Path1" ) ;
//% AI. followPath ( "MissionGroup/Path1" , -1) ;
return % AI ; }
```

完成后，打开 tutorial. base1\server 下的 game. cs 文件，在 function onServerCreated ( ) 函数中加入代码 exec (" . /aiPlayer. cs") 。文件 aiPlayer. cs 中定义了 AI 的具体属性和控制 AI 的一些函数。除了这些以外，还定义了一个 AI 管理器 （AIManager），它主要是用来管理所有 AI 角色的，因此我们要在游戏任务载入的时候就加载这个管理器，结束任务的时候删除管理器。为了完成上述的操作，我们需要修改 game. cs 文件的 onMissionLoaded ( ) 和 onMissionEnded ( ) 两个函数，将函数 onMissionLoaded 修改为下列代码：

```
function onMissionLoaded ( )
{ new ScriptObject ( AIManager) { } ;
MissionCleanup. add ( AIManager) ;
AIManager. think ( ) ; }
```

将函数 onMissionEnded 修改为下列代码：

```
function onMissionEnded ( )
{ AIManager. delete ( ) ; }
```

通过代码分析，我们不难看出，创设 AI 的时候调用的是 function AIPlayer :: spawn ( ) 函数，通过 function AIManager :: spawn ( ) 函数调用了 AIPlayer :: spawn ( ) 函数。因为到现在为止，我们还没有在场景里设置路径，所以只能产生静止的 AI。接下来我们添加一个

AI 巡逻的路径。打开 torqueDemo. exe 进入游戏，会发现一个静止的 AI，按下 F11 键，进入场景编辑模式，按下 F4 进入 World Editor Creator 模式，打开 Mission Objects\Mission\Path，点击 Path，在弹出的对话框中输入路径的名字。在此，我们需要输入 Path1，因为在上面的代码里我们引用了 Path1 这个名字。此时游戏场景里没有任何变化，这是因为我们的路径点还没有设置。找到 MissionGroup\Path-Path1，按住 Alt 键并单击 Path-Path1，我们可以看到 Path-Path1 前面的图标变成了绿色的文件夹，如图 6－8 所示。按下 F4 进入 World Editor Creator 模式，选择 Mission Objects\Mission\PathMaker，弹出对话框，输入一个名字确定后就会在游戏场景里出现一个路径点标志。重复刚才的创建路径点标志，并调整 X，Y，Z 值，新创建两到三个路径点标志，使其相互间有一定距离，并保证在地面之上。完成以后保存任务并退出。

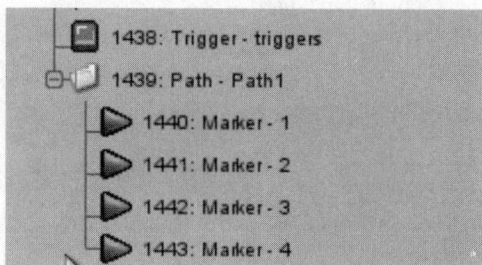

图 6－8 创建路径点标志

打开 aiPlay. cs 文件，将我们刚才在 function AIManager∷spawn 函数中注释掉的两行语句启用：

% AI = AIPlayer∷spawnOnPath（"bot2"，"MissionGroup/Path1"）;
% AI. followPath（"MissionGroup/Path1"，－1）;

保存文件后退出，再打开游戏，进去以后，发现场景中有两个 AI，一个静止在玩家出生的地方，一个在沿着我们刚才制定的路线不知疲倦地奔跑巡逻。如图 6－9 所示。

图 6－9 创造动态与静态 AI

第三节　制作武器和物品

完成了 AI 的制作之后，我们给玩家装备上一件武器吧！在本节例子中，我们使用了 torque 引擎自带的 starter. fps 实例中的素材和一些代码。下面，我们就在上一节的基础上，给玩家装备一件武器——弩！在 starter. fps 中，系统将玩家携带的物品通过库存来管理。首先，我们新建一个 Inventory. cs 文件，键入下列代码（节选于 starter. fps 实例中的 Inventory. cs 文件）：

```
function serverCmdUse （% client,% data）
{% client. getControlObject （）. use （% data）; }

function ShapeBase :: use （% this,% data）
{ if （% this. getInventory （% data） >0）
return % data. onUse （% this）;
return false; }

function ShapeBase :: throw （% this,% data,% amount）
{ if （% this. getInventory （% data） >0）
{% obj = % data. onThrow （% this,% amount）;
if （% obj） {% this. throwObject （% obj）;
return true; } }
return false; }

function ShapeBase :: pickup （% this,% obj,% amount）
{% data = % obj. getDatablock （）;
if （% amount $=$ ""）
% amount = % this. maxInventory （% data） – % this. getInventory （% data）;
if （% amount <0）
% amount =0;
if （% amount）
return % data. onPickup （% obj,% this,% amount）;
return false; }

function ShapeBase :: maxInventory （% this,% data）
{ return % this. getDatablock （）. maxInv [% data. getName （）]; }
function ShapeBase :: incInventory （% this,% data,% amount）
{% max = % this. maxInventory （% data）;
% total = % this. inv [% data. getName （）];
```

116

```
if（% total < % max）
{ if（% total + % amount > % max）
% amount = % max − % total；
% this. setInventory（% data, % total + % amount）；
return % amount；}
return 0；}

function ShapeBase :: decInventory（% this, % data, % amount）
{ % total = % this. inv［% data. getName（）］；
if（% total > 0）
{ if（% total < % amount）% amount = % total；
% this. setInventory（% data, % total − % amount）；
return % amount；}
return 0；}

function ShapeBase :: getInventory（% this, % data）
{ return % this. inv［% data. getName（）］；}

function ShapeBase :: setInventory（% this, % data, % value）
{ if（% value < 0）
% value = 0；
else
{ % max = % this. maxInventory（% data）；
if（% value > % max）% value = % max；}
% name = % data. getName（）；
if（% this. inv［% name］! = % value）
{ % this. inv［% name］ = % value；
% data. onInventory（% this, % value）；
% this. getDataBlock（）. onInventory（% data, % value）；}
return % value；}

function ShapeBase :: throwObject（% this, % obj）
{ % throwForce = % this. throwForce；
if（! % throwForce）% throwForce = 20；
% eye = % this. getEyeVector（）；
% vec = vectorScale（% eye, % throwForce）；
% verticalForce = % throwForce/2；
% dot = vectorDot（"0 0 1", % eye）；
if（% dot < 0）
```

```
% dot = - % dot;
% vec = vectorAdd ( % vec, vectorScale ( "0 0" @ % verticalForce, 1 - % dot ) );
% vec = vectorAdd ( % vec, % this. getVelocity ( ) );
% pos = getBoxCenter ( % this. getWorldBox ( ) );
% obj. setTransform ( % pos );
% obj. applyImpulse ( % pos, % vec );
% obj. setCollisionTimeout ( % this ); }

function ShapeBaseData :: onUse ( % this, % user )
{ return false; }

function ShapeBaseData :: onThrow ( % this, % user, % amount )
{ return 0; }

function ShapeBaseData :: onPickup ( % this, % obj, % user, % amount )
{ return false; }
```

完成了库存管理的文件，我们要为玩家所拿的武器弩（Crossbow）定义数据块、方法、例子效果等与其相关的东西。我们新建一个 Crossbow. cs 文件，键入以下代码：

```
datablock AudioProfile ( CrossbowReloadSound )
{ filename = " ~ /data/sound/crossbow_ reload. ogg";
description = AudioClose3d;
preload = true; };

datablock AudioProfile ( CrossbowFireSound )
{ filename = " ~ /data/sound/relbow_ mono_01. ogg";
description = AudioClose3d;
preload = true; };

datablock AudioProfile ( CrossbowFireEmptySound )
{ filename = " ~ /data/sound/crossbow_ firing_ empty. ogg";
description = AudioClose3d;
preload = true; };

datablock AudioProfile ( CrossbowExplosionSound )
{ filename = " ~ /data/sound/explosion_ mono_01. ogg";
description = AudioDefault3d;
preload = true; };

datablock ParticleData ( CrossbowSplashMist )
{ dragCoefficient = 2. 0;
```

```
gravityCoefficient = - 0. 05 ;
inheritedVelFactor = 0. 0 ;
constantAcceleration = 0. 0 ;
lifetimeMS = 400 ;
lifetimeVarianceMS = 100 ;
useInvAlpha = false ;
spinRandomMin = - 90. 0 ;
spinRandomMax = 500. 0 ;
textureName = " ~ / data / shapes / crossbow / splash " ;

colors [ 0 ] = "0. 7 0. 8 1. 0 1. 0" ;
colors [ 1 ] = "0. 7 0. 8 1. 0 0. 5" ;
colors [ 2 ] = "0. 7 0. 8 1. 0 0. 0" ;

sizes [ 0 ] = 0. 5 ;
sizes [ 1 ] = 0. 5 ;
sizes [ 2 ] = 0. 8 ;
times [ 0 ] = 0. 0 ;
times [ 1 ] = 0. 5 ;
times [ 2 ] = 1. 0 ; } ;

datablock ParticleEmitterData ( CrossbowSplashMistEmitter )
{ ejectionPeriodMS = 5 ;
periodVarianceMS = 0 ;
ejectionVelocity = 3. 0 ;
velocityVariance = 2. 0 ;
ejectionOffset = 0. 0 ;
thetaMin = 85 ;
thetaMax = 85 ;
phiReferenceVel = 0 ;
phiVariance = 360 ;
overrideAdvance = false ;
lifetimeMS = 250 ;
particles = " CrossbowSplashMist " ; } ;

datablock ParticleData ( CrossbowSplashParticle )
{ dragCoefficient = 1 ;
gravityCoefficient = 0. 2 ;
inheritedVelFactor = 0. 2 ;
```

```
constantAcceleration = -0.0;
lifetimeMS = 600;
lifetimeVarianceMS = 0;
colors [0]  = "0.7 0.8 1.0 1.0";
colors [1]  = "0.7 0.8 1.0 0.5";
colors [2]  = "0.7 0.8 1.0 0.0";
sizes [0]  = 0.5;
sizes [1]  = 0.5;
sizes [2]  = 0.5;
times [0]  = 0.0;
times [1]  = 0.5;
times [2]  = 1.0; };

datablock ParticleEmitterData (CrossbowSplashEmitter)
{ ejectionPeriodMS = 1;
periodVarianceMS = 0;
ejectionVelocity = 3;
velocityVariance = 1.0;
ejectionOffset = 0.0;
thetaMin = 60;
thetaMax = 80;
phiReferenceVel = 0;
phiVariance = 360;
overrideAdvance = false;
orientParticles = true;
lifetimeMS = 100;
particles = "CrossbowSplashParticle"; };

datablock SplashData (CrossbowSplash)
{ numSegments = 15;
ejectionFreq = 15;
ejectionAngle = 40;
ringLifetime = 0.5;
lifetimeMS = 300;
velocity = 4.0;
startRadius = 0.0;
acceleration = -3.0;
texWrap = 5.0;
texture = " ~/data/shapes/crossbow/splash";
```

```
emitter [0]    = CrossbowSplashEmitter;
emitter [1]    = CrossbowSplashMistEmitter;
colors [0]    = "0. 7  0. 8  1. 0  0. 0";
colors [1]    = "0. 7  0. 8  1. 0  0. 3";
colors [2]    = "0. 7  0. 8  1. 0  0. 7";
colors [3]    = "0. 7  0. 8  1. 0  0. 0";
times [0]    = 0. 0;
times [1]    = 0. 4;
times [2]    = 0. 8;
times [3]    = 1. 0; };

datablock ParticleData ( CrossbowBoltParticle )
{ textureName = " ~ /data/shapes/particles/smoke";
dragCoefficient = 0. 0;
gravityCoefficient = - 0. 1; //rises slowly
inheritedVelFactor = 0. 0;
lifetimeMS = 150;
lifetimeVarianceMS = 10; //... more or less
useInvAlpha = false;
spinRandomMin = - 30. 0;
spinRandomMax = 30. 0;
colors [0]    = "0. 1  0. 1  0. 1  1. 0";
colors [1]    = "0. 1  0. 1  0. 1  1. 0";
colors [2]    = "0. 1  0. 1  0. 1  0";
sizes [0]    = 0. 15;
sizes [1]    = 0. 20;
sizes [2]    = 0. 25;
times [0]    = 0. 0;
times [1]    = 0. 3;
times [2]    = 1. 0; };

datablock ParticleData ( CrossbowBubbleParticle )
{ textureName = " ~ /data/shapes/particles/bubble";
dragCoefficient = 0. 0;
gravityCoefficient = - 0. 25;
inheritedVelFactor = 0. 0;
constantAcceleration = 0. 0;
lifetimeMS = 1500;
lifetimeVarianceMS = 600;
```

```
useInvAlpha = false;
spinRandomMin = - 100. 0;
spinRandomMax = 100. 0;
colors [0]  = "0. 7 0. 8 1. 0 0. 4";
colors [1]  = "0. 7 0. 8 1. 0 1. 0";
colors [2]  = "0. 7 0. 8 1. 0 0. 0";
sizes [0]  = 0. 2;
sizes [1]  = 0. 2;
sizes [2]  = 0. 2;
times [0]  = 0. 0;
times [1]  = 0. 5;
times [2]  = 1. 0; };

datablock ParticleEmitterData (CrossbowBoltEmitter)
{ ejectionPeriodMS = 2;
periodVarianceMS = 0;
ejectionVelocity = 0. 0;
velocityVariance = 0. 10;
thetaMin = 0. 0;
thetaMax = 90. 0;
particles = CrossbowBoltParticle; };

datablock ParticleEmitterData (CrossbowBoltBubbleEmitter)
{ ejectionPeriodMS = 9;
periodVarianceMS = 0;
ejectionVelocity = 1. 0;
ejectionOffset = 0. 1;
velocityVariance = 0. 5;
thetaMin = 0. 0;
thetaMax = 80. 0;
phiReferenceVel = 0;
phiVariance = 360;
overrideAdvances = false;
particles = CrossbowBubbleParticle; };

datablock ParticleData (CrossbowDebrisSpark)
{ textureName = " ~/data/shapes/particles/fire";
dragCoefficient = 0;
gravityCoefficient = 0. 0;
```

```
windCoefficient = 0;
inheritedVelFactor = 0. 5;
constantAcceleration = 0. 0;
lifetimeMS = 500;
lifetimeVarianceMS = 50;
spinRandomMin = -90. 0;
spinRandomMax = 90. 0;
useInvAlpha = false;
colors [0]  = "0. 8  0. 2  0  1. 0";
colors [1]  = "0. 8  0. 2  0  1. 0";
colors [2]  = "0  0  0  0. 0";
sizes [0]  = 0. 2;
sizes [1]  = 0. 3;
sizes [2]  = 0. 1;
times [0]  = 0. 0;
times [1]  = 0. 5;
times [2]  = 1. 0; };

datablock ParticleEmitterData (CrossbowDebrisSparkEmitter)
{ ejectionPeriodMS = 20;
periodVarianceMS = 0;
ejectionVelocity = 0. 5;
velocityVariance = 0. 25;
ejectionOffset = 0. 0;
thetaMin = 0;
thetaMax = 90;
phiReferenceVel = 0;
phiVariance = 360;
overrideAdvances = false;
orientParticles = false;
lifetimeMS = 300;
particles = " CrossbowDebrisSpark" ; };

datablock ExplosionData (CrossbowDebrisExplosion)
{ emitter [0]  = CrossbowDebrisSparkEmitter;
shakeCamera = false;
impulseRadius = 0;
lightStartRadius = 0;
lightEndRadius = 0; };
```

```
datablock ParticleData（CrossbowDebrisTrail）
{ textureName = " ~/data/shapes/particles/fire" ;
dragCoefficient = 1 ;
gravityCoefficient = 0 ;
inheritedVelFactor = 0 ;
windCoefficient = 0 ;
constantAcceleration = 0 ;
lifetimeMS = 800 ;
lifetimeVarianceMS = 100 ;
spinSpeed = 0 ;
spinRandomMin = - 90. 0 ;
spinRandomMax = 90. 0 ;
useInvAlpha = true ;
colors ［0］  = "0. 8 0. 3 0. 0 1. 0" ;
colors ［1］  = "0. 1 0. 1 0. 1 0. 7" ;
colors ［2］  = "0. 1 0. 1 0. 1 0. 0" ;

sizes ［0］  = 0. 2 ;
sizes ［1］  = 0. 3 ;
sizes ［2］  = 0. 4 ;
times ［0］  = 0. 1 ;
times ［1］  = 0. 2 ;
times ［2］  = 1. 0 ; } ;

datablock ParticleEmitterData（CrossbowDebrisTrailEmitter）
{ ejectionPeriodMS = 30 ;
periodVarianceMS = 0 ;
ejectionVelocity = 0. 0 ;
velocityVariance = 0. 0 ;
ejectionOffset = 0. 0 ;
thetaMin = 170 ;
thetaMax = 180 ;
phiReferenceVel = 0 ;
phiVariance = 360 ;
//overrideAdvances = false ;
//orientParticles = true ;
lifetimeMS = 5000 ;
particles = " CrossbowDebrisTrail" ; } ;
```

```
datablock DebrisData ( CrossbowExplosionDebris )
{ shapeFile = " ~ /data/shapes/crossbow/debris. dts" ;
emitters = " CrossbowDebrisTrailEmitter" ;
explosion = CrossbowDebrisExplosion ;

elasticity = 0. 6 ;
friction = 0. 5 ;
numBounces = 1 ;
bounceVariance = 1 ;
explodeOnMaxBounce = true ;
staticOnMaxBounce = false ;
snapOnMaxBounce = false ;
minSpinSpeed = 0 ;
maxSpinSpeed = 700 ;
render2D = false ;
lifetime = 4 ;
lifetimeVariance = 0. 4 ;
velocity = 5 ;
velocityVariance = 0. 5 ;
fade = false ;
useRadiusMass = true ;
baseRadius = 0. 3 ;
gravModifier = 0. 5 ;
terminalVelocity = 6 ;
ignoreWater = true ; } ;

datablock ParticleData ( CrossbowExplosionSmoke )
{ textureName = " ~ /data/shapes/particles/smoke" ;
dragCoeffiecient = 100. 0 ;
gravityCoefficient = 0 ;
inheritedVelFactor = 0. 25 ;
constantAcceleration = - 0. 30 ;
lifetimeMS = 1200 ;
lifetimeVarianceMS = 300 ;
useInvAlpha = true ;
spinRandomMin = - 80. 0 ;
spinRandomMax = 80. 0 ;
colors [0]  = "0. 56 0. 36 0. 26 1. 0" ;
```

```
colors [1]  = "0. 2  0. 2  0. 2  1. 0";
colors [2]  = "0. 0  0. 0  0. 0  0. 0";

sizes [0]  = 4. 0;
sizes [1]  = 2. 5;
sizes [2]  = 1. 0;
times [0]  = 0. 0;
times [1]  = 0. 5;
times [2]  = 1. 0; };

datablock ParticleData (CrossbowExplosionBubble)
{ textureName = " ~/data/shapes/particles/bubble";
dragCoeffiecient = 0. 0;
gravityCoefficient = - 0. 25;
inheritedVelFactor = 0. 0;
constantAcceleration = 0. 0;
lifetimeMS = 1500;
lifetimeVarianceMS = 600;
useInvAlpha = false;
spinRandomMin = - 100. 0;
spinRandomMax = 100. 0;
colors [0]  = "0. 7  0. 8  1. 0  0. 4";
colors [1]  = "0. 7  0. 8  1. 0  0. 4";
colors [2]  = "0. 7  0. 8  1. 0  0. 0";

sizes [0]  = 0. 3;
sizes [1]  = 0. 3;
sizes [2]  = 0. 3;
times [0]  = 0. 0;
times [1]  = 0. 5;
times [2]  = 1. 0; };

datablock ParticleEmitterData (CrossbowExplosionSmokeEmitter)
{ ejectionPeriodMS = 10;
periodVarianceMS = 0;
ejectionVelocity = 4;
velocityVariance = 0. 5;
thetaMin = 0. 0;
thetaMax = 180. 0;
```

3D游戏设计与开发

```
lifetimeMS = 250 ;
particles = "CrossbowExplosionSmoke" ; } ;

datablock ParticleEmitterData (CrossbowExplosionBubbleEmitter)
{ ejectionPeriodMS = 9 ;
periodVarianceMS = 0 ;
ejectionVelocity = 1 ;
ejectionOffset = 0. 1 ;
velocityVariance = 0. 5 ;
thetaMin = 0. 0 ;
thetaMax = 80. 0 ;
phiReferenceVel = 0 ;
phiVariance = 360 ;
overrideAdvances = false ;
particles = "CrossbowExplosionBubble" ; } ;

datablock ParticleData (CrossbowExplosionFire)
{ textureName = " ~/data/shapes/particles/fire" ;
dragCoeffiecient = 100. 0 ;
gravityCoefficient = 0 ;
inheritedVelFactor = 0. 25 ;
constantAcceleration = 0. 1 ;
lifetimeMS = 1200 ;
lifetimeVarianceMS = 300 ;
useInvAlpha = false ;
spinRandomMin = -80. 0 ;
spinRandomMax = 80. 0 ;
colors [0]  = "0. 8  0. 4  0  0. 8" ;
colors [1]  = "0. 2  0. 0  0  0. 8" ;
colors [2]  = "0. 0  0. 0  0. 0  0. 0" ;
sizes [0]  = 1. 5 ;
sizes [1]  = 0. 9 ;
sizes [2]  = 0. 5 ;
times [0]  = 0. 0 ;
times [1]  = 0. 5 ;
times [2]  = 1. 0 ; } ;

datablock ParticleEmitterData (CrossbowExplosionFireEmitter)
{ ejectionPeriodMS = 10 ;
```

```
periodVarianceMS = 0;
ejectionVelocity = 0. 8;
velocityVariance = 0. 5;
thetaMin = 0. 0;
thetaMax = 180. 0;
lifetimeMS = 250;
particles = " CrossbowExplosionFire" ; } ;

datablock ParticleData（CrossbowExplosionSparks）
{ textureName = " ~ /data/shapes/particles/spark" ;
dragCoefficient = 1;
gravityCoefficient = 0. 0;
inheritedVelFactor = 0. 2;
constantAcceleration = 0. 0;
lifetimeMS = 500;
lifetimeVarianceMS = 350;
colors ［0］ = "0. 60 0. 40 0. 30 1. 0" ;
colors ［1］ = "0. 60 0. 40 0. 30 1. 0" ;
colors ［2］ = "1. 0 0. 40 0. 30 0. 0" ;
sizes ［0］ = 0. 25;
sizes ［1］ = 0. 15;
sizes ［2］ = 0. 15;
times ［0］ = 0. 0;
times ［1］ = 0. 5;
times ［2］ = 1. 0; } ;

datablock ParticleData（CrossbowExplosionWaterSparks）
{ textureName = " ~ /data/shapes/particles/bubble" ;
dragCoefficient = 0;
gravityCoefficient = 0. 0;
inheritedVelFactor = 0. 2;
constantAcceleration = 0. 0;
lifetimeMS = 500;
lifetimeVarianceMS = 350;
colors ［0］ = "0. 4 0. 4 1. 0 1. 0" ;
colors ［1］ = "0. 4 0. 4 1. 0 1. 0" ;
colors ［2］ = "0. 4 0. 4 1. 0 0. 0" ;
sizes ［0］ = 0. 5;
sizes ［1］ = 0. 5;
```

```
sizes [2]  = 0. 5;
times [0]  = 0. 0;
times [1]  = 0. 5;
times [2]  = 1. 0; };

datablock ParticleEmitterData ( CrossbowExplosionSparkEmitter)
{ ejectionPeriodMS = 3;
periodVarianceMS = 0;
ejectionVelocity = 5;
velocityVariance = 1;
ejectionOffset = 0. 0;
thetaMin = 0;
thetaMax = 180;
phiReferenceVel = 0;
phiVariance = 360;
overrideAdvances = false;
orientParticles = true;
lifetimeMS = 100;
particles = " CrossbowExplosionSparks" ; };

datablock ParticleEmitterData ( CrossbowExplosionWaterSparkEmitter)
{ ejectionPeriodMS = 3;
periodVarianceMS = 0;
ejectionVelocity = 4;
velocityVariance = 4;
ejectionOffset = 0. 0;
thetaMin = 0;
thetaMax = 60;
phiReferenceVel = 0;
phiVariance = 360;
overrideAdvances = false;
orientParticles = true;
lifetimeMS = 200;
particles = " CrossbowExplosionWaterSparks" ; };

datablock ExplosionData ( CrossbowSubExplosion1)
{ offset = 0;
emitter [0]  = CrossbowExplosionSmokeEmitter;
emitter [1]  = CrossbowExplosionSparkEmitter; };
```

```
datablock ExplosionData （CrossbowSubExplosion2）
{ offset = 1. 0 ;
emitter ［0］ = CrossbowExplosionSmokeEmitter ;
emitter ［1］ = CrossbowExplosionSparkEmitter ; } ;

datablock ExplosionData （CrossbowSubWaterExplosion1）
{ delayMS = 100 ;
offset = 1. 2 ;
playSpeed = 1. 5 ;
emitter ［0］ = CrossbowExplosionBubbleEmitter ;
emitter ［1］ = CrossbowExplosionWaterSparkEmitter ;
sizes ［0］ = "0. 75 0. 75 0. 75" ;
sizes ［1］ = "1. 0 1. 0 1. 0" ;
sizes ［2］ = "0. 5 0. 5 0. 5" ;
times ［0］ = 0. 0 ;
times ［1］ = 0. 5 ;
times ［2］ = 1. 0 ; } ;

datablock ExplosionData （CrossbowSubWaterExplosion2）
{ delayMS = 50 ;
offset = 1. 2 ;
playSpeed = 0. 75 ;
emitter ［0］ = CrossbowExplosionBubbleEmitter ;
emitter ［1］ = CrossbowExplosionWaterSparkEmitter ;
sizes ［0］ = "1. 5 1. 5 1. 5" ;
sizes ［1］ = "1. 5 1. 5 1. 5" ;
sizes ［2］ = "1. 0 1. 0 1. 0" ;
times ［0］ = 0. 0 ;
times ［1］ = 0. 5 ;
times ［2］ = 1. 0 ; } ;

datablock ExplosionData （CrossbowExplosion）
{ soundProfile = CrossbowExplosionSound ;
lifeTimeMS = 1200 ;
particleEmitter = CrossbowExplosionFireEmitter ;
particleDensity = 75 ;
particleRadius = 2 ;
emitter ［0］ = CrossbowExplosionSmokeEmitter ;
```

```
emitter [1]    = CrossbowExplosionSparkEmitter;
subExplosion [0]    = CrossbowSubExplosion1;
subExplosion [1]    = CrossbowSubExplosion2;
shakeCamera = true;
camShakeFreq = "10. 0  11. 0  10. 0";
camShakeAmp = "1. 0  1. 0  1. 0";
camShakeDuration = 0. 5;
camShakeRadius = 10. 0;
debris = CrossbowExplosionDebris;
debrisThetaMin = 0;
debrisThetaMax = 60;
debrisPhiMin = 0;
debrisPhiMax = 360;
debrisNum = 6;
debrisNumVariance = 2;
debrisVelocity = 1;
debrisVelocityVariance = 0. 5;
impulseRadius = 10;
impulseForce = 15;
lightStartRadius = 6;
lightEndRadius = 3;
lightStartColor = "0. 5  0. 5  0";
lightEndColor = "0  0  0"; };

datablock ExplosionData （CrossbowWaterExplosion）
{ soundProfile = CrossbowExplosionSound;
particleEmitter = CrossbowExplosionBubbleEmitter;
particleDensity = 375;
particleRadius = 2;
emitter [0]    = CrossbowExplosionBubbleEmitter;
emitter [1]    = CrossbowExplosionWaterSparkEmitter;
subExplosion [0]    = CrossbowSubWaterExplosion1;
subExplosion [1]    = CrossbowSubWaterExplosion2;

shakeCamera = true;
camShakeFreq = "8. 0  9. 0  7. 0";
camShakeAmp = "3. 0  3. 0  3. 0";
camShakeDuration = 1. 3;
camShakeRadius = 20. 0;
```

```
debris = CrossbowExplosionDebris;
debrisThetaMin = 0;
debrisThetaMax = 60;
debrisPhiMin = 0;
debrisPhiMax = 360;
debrisNum = 6;
debrisNumVariance = 2;
debrisVelocity = 0.5;
debrisVelocityVariance = 0.2;
impulseRadius = 10;
impulseForce = 15;
lightStartRadius = 6;
lightEndRadius = 3;
lightStartColor = "0 0.5 0.5";
lightEndColor = "0 0 0"; };

datablock ProjectileData (CrossbowProjectile)
{ projectileShapeName = "~/data/shapes/crossbow/projectile.dts";
directDamage = 20;
radiusDamage = 20;
damageRadius = 1.5;
areaImpulse = 2000;
explosion = CrossbowExplosion;
waterExplosion = CrossbowWaterExplosion;
particleEmitter = CrossbowBoltEmitter;
particleWaterEmitter = CrossbowBoltBubbleEmitter;
splash = CrossbowSplash;
muzzleVelocity = 100;
velInheritFactor = 0.3;
armingDelay = 0;
lifetime = 5000;
fadeDelay = 5000;
bounceElasticity = 0;
bounceFriction = 0;
isBallistic = false;
gravityMod = 0.80;
hasLight = true;
lightRadius = 4;
```

```
lightColor = "0. 5  0. 5  0. 25" ;
hasWaterLight = true;
waterLightColor = "0  0. 5  0. 5" ; } ;

function CrossbowProjectile :: onCollision （% this , % obj , % col , % fade , % pos , % normal）
{ if （% col. getType（）& $TypeMasks :: ShapeBaseObjectType）
% col. damage （% obj , % pos , % this. directDamage , " CrossbowBolt" ） ;
radiusDamage（% obj , % pos , % this. damageRadius , % this. radiusDamage , " Radius" ,
            % this. areaImpulse） ;
radiusDamage（% obj , VectorAdd（% pos , VectorScale（% normal , 0. 01））,
            % this. damageRadius , % this. radiusDamage , " Radius" , 40）; }

datablock ItemData （CrossbowAmmo）
{ category = " Ammo" ;
className = " Ammo" ;
shapeFile = " ~ /data/shapes/crossbow/ammo. dts" ;
mass = 1 ;
elasticity = 0. 2 ;
friction = 0. 6 ;
pickUpName = " crossbow    bolts" ;
maxInventory = 200 ; } ;

datablock ItemData （Crossbow）
{ category = " Weapon" ;
className = " Weapon" ;
shapeFile = " ~ /data/shapes/crossbow/weapon. dts" ;
mass = 1 ;
elasticity = 0. 2 ;
friction = 0. 6 ;
emap = true ;
pickUpName = " a crossbow" ;
image = CrossbowImage ; } ;

datablock ShapeBaseImageData （CrossbowImage）
{ shapeFile = " ~ /data/shapes/crossbow/weapon. dts" ;
emap = true ;
mountPoint = 0 ;
eyeOffset = "0. 1  0. 4  − 0. 6" ;
correctMuzzleVector = false ;
```

```
className = "WeaponImage";
item = Crossbow;
ammo = CrossbowAmmo;
projectile = CrossbowProjectile;
projectileType = Projectile;
stateName [0]   = "Preactivate";
stateTransitionOnLoaded [0] = "Activate";
stateTransitionOnNoAmmo [0]   = "NoAmmo";
stateName [1]   = "Activate";
stateTransitionOnTimeout [1]   = "Ready";
stateTimeoutValue [1]   = 0.6;
stateSequence [1]   = "Activate";
stateName [2]   = "Ready";
stateTransitionOnNoAmmo [2]   = "NoAmmo";
stateTransitionOnTriggerDown [2]   = "Fire";
stateName [3]   = "Fire";
stateTransitionOnTimeout [3]   = "Reload";
stateTimeoutValue [3]   = 0.2;
stateFire [3]   = true;
stateRecoil [3]   = LightRecoil;
stateAllowImageChange [3]   = false;
stateSequence [3]   = "Fire";
stateScript [3]   = "onFire";
stateSound [3]   = CrossbowFireSound;
stateName [4]   = "Reload";
stateTransitionOnNoAmmo [4]   = "NoAmmo";
stateTransitionOnTimeout [4]   = "Ready";
stateTimeoutValue [4]   = 0.8;
stateAllowImageChange [4]   = false;
stateSequence [4]   = "Reload";
stateEjectShell [4]   = true;
stateSound [4]   = CrossbowReloadSound;
stateName [5]   = "NoAmmo";
stateTransitionOnAmmo [5]   = "Reload";
stateSequence [5]   = "NoAmmo";
stateTransitionOnTriggerDown [5]   = "DryFire";
stateName [6]   = "DryFire";
stateTimeoutValue [6]   = 1.0;
```

```
stateTransitionOnTimeout [6] = "NoAmmo";
stateSound [6] = CrossbowFireEmptySound; };

function CrossbowImage :: onFire (% this,% obj,% slot)
{% projectile = % this. projectile;
% obj. decInventory (% this. ammo, 1);
% muzzleVector = % obj. getMuzzleVector (% slot);
% objectVelocity = % obj. getVelocity ();
% muzzleVelocity = VectorAdd (
                VectorScale (% muzzleVector,% projectile. muzzleVelocity),
                VectorScale (% objectVelocity,% projectile. velInheritFactor));

% p = new (% this. projectileType) ()
{ dataBlock = % projectile;
initialVelocity = % muzzleVelocity;
initialPosition = % obj. getMuzzlePoint (% slot);
sourceObject = % obj;
sourceSlot = % slot;
client = % obj. client; };
MissionCleanup. add (% p);
return % p; }
```

此文件比较长，节选自 starter. fps 的 crossbow. cs 文件。文件刚开始定义了一些声音数据对象，主要是弩开火时发出的声音，接下来定义的是一些弩发射时产生的烟雾之类的粒子效果。剩下的代码定义了武器和弹药数据块，以及弹药的碰撞函数等。完成了武器和弹药等的数据块定义与函数描述以后，我们需要使用一些定义过的方法，比如使用武器、使用武器时的声音、如何拾取武器等。这些方法是动态命名空间的组成部分，故而，我们新建一个 Weapon. cs 文件，键入下列代码：

```
$WeaponSlot = 0;
datablock AudioProfile (WeaponUseSound)
{ filename = " ~ /data/sound/weapon_ switch. wav";
description = AudioClose3d;
preload = true; };

datablock AudioProfile (WeaponPickupSound)
{ filename = " ~ /data/sound/weapon_ pickup. wav";
description = AudioClose3d;
preload = true; };
```

```
datablock AudioProfile（AmmoPickupSound）
{filename = " ~/data/sound/ammo_mono_01. ogg";
description = AudioClose3d;
preload = true;};

function Weapon :: onUse（% data, % obj）
{if（% obj. getMountedImage（$WeaponSlot）! = % data. image. getId（））
{serverPlay3D（WeaponUseSound, % obj. getTransform（））;
% obj. mountImage（% data. image, $WeaponSlot）;
if（% obj. client）
messageClient（% obj. client, 'MsgWeaponUsed', '\c0Weapon selected'）;}}

function Weapon :: onPickup（% this, % obj, % shape, % amount）
{if（Parent :: onPickup（% this, % obj, % shape, % amount））
{serverPlay3D（WeaponPickupSound, % obj. getTransform（））;
if（% shape. getClassName（）$ = "Player" &&
% shape. getMountedImage（$WeaponSlot）= = 0）
{% shape. use（% this）;}}}

function Weapon :: onInventory（% this, % obj, % amount）
{if（! % amount && （% slot = % obj. getMountSlot（% this. image））! = - 1）
% obj. unmountImage（% slot）;}

function WeaponImage :: onMount（% this, % obj, % slot）
{if（% obj. getInventory（% this. ammo））
% obj. setImageAmmo（% slot, true）;}

function Ammo :: onPickup（% this, % obj, % shape, % amount）
{if（Parent :: onPickup（% this, % obj, % shape, % amount））
{serverPlay3D（AmmoPickupSound, % obj. getTransform（））;}}

function Ammo :: onInventory（% this, % obj, % amount）
{for（% i = 0; % i < 8; % i + +）
{if（（% image = % obj. getMountedImage（% i））> 0）
if（isObject（% image. ammo）&& % image. ammo. getId（）= = % this. getId（））
% obj. setImageAmmo（% i, % amount ! = 0）;}}
```

武器和弹药都是 item 对象，因此我们需要一个 item. cs 文件来描述武器弹药对象及其方法。键入下列代码：

```
function Item :: respawn（% this）
```

```
{ % this. startFade (0, 0, true);
% this. setHidden (true);
% this. schedule ($Item :: RespawnTime," setHidden", false);
% this. schedule ($Item :: RespawnTime + 100," startFade", 1000, 0, false); }

function Item :: schedulePop (% this)
{ % this. schedule ($Item :: PopTime - 1000," startFade", 1000, 0, true);
% this. schedule ($Item :: PopTime," delete"); }

function ItemData :: onThrow (% this, % user, % amount)
{ if (% amount $ = "")
% amount = 1;
if (% this. maxInventory ! $ = "")
if (% amount > % this. maxInventory)
% amount = % this. maxInventory;
if (! % amount)
return 0;
% user. decInventory (% this, % amount);
% obj = new Item ()
{ datablock = % this;
rotation = "0 0 1" @ (getRandom () * 360);
count = % amount; };
MissionGroup. add (% obj);
% obj. schedulePop ();
return % obj; }

function ItemData :: onPickup (% this, % obj, % user, % amount)
{ % count = % obj. count;
if (% count $ = "")
if (% this. maxInventory ! $ = "")
{ if (! (% count = % this. maxInventory)) return; }
else
% count = 1;
% user. incInventory (% this, % count);
if (% user. client)
messageClient (% user. client, 'MsgItemPickup', '\c0You picked up % 1',
% this. pickupName);
if (% obj. isStatic ()) % obj. respawn ();
else
```

```
% obj. delete ( ) ;
return true ; }

function ItemData :: create （% data）
{ % obj = new Item ( ) ;
{ dataBlock = % data ;
static = true ;
rotate = true ; } ;
return    % obj ; }
```

将 inventory. cs 文件、item. cs 文件、weapon. cs 文件以及 crossbow. cs 文件保存后，将相应的声音和模型图像放在文件中定义的位置。然后在 game. cs 文件里加载它们，也就是在函数 onServerCreated 中添加下列语句：

```
exec （"./crossbow. cs"）;
exec （"./inventory. cs"）;
exec （"./item. cs"）;
exec （"./weapon. cs"）;
```

完成后保存并退出 game. cs 文件，这个时候再进入游戏，我们的玩家角色已经装备了一把硬弩，按下鼠标左键，就可以发射箭矢了。如图 6 - 10 所示。

图 6 - 10　装备了硬弩的效果

完成了武器的装备以后，接下来我们将完成武器的伤害控制。我们需要定义两个文件来控制武器的伤害，新建一个 radiusDamage. cs 文件。键入下列代码：

```
function radiusDamage（％sourceObject，％position，％radius，％damage，％damageType，
％impulse）
｛InitContainerRadiusSearch（％position，％radius，$TypeMasks::ShapeBaseObjectType）；
％halfRadius =％radius/2；
while（（％targetObject = containerSearchNext（））！=0）
｛％coverage = calcExplosionCoverage（％position，％targetObject，
$TypeMasks::InteriorObjectType｜ $TypeMasks::TerrainObjectType｜
$TypeMasks::ForceFieldObjectType｜ $TypeMasks::VehicleObjectType）；
if（％coverage ==0）
continue；
％dist = containerSearchCurrRadiusDist（）；
％distScale =（％dist <％halfRadius）? 1.0：
1.0 -（（％dist -％halfRadius）/％halfRadius）；
％targetObject. damage（％sourceObject，％position，
％damage *％coverage *％distScale，％damageType）；
if（％impulse）
｛％impulseVec = VectorSub（％targetObject. getWorldBoxCenter（），％position）；
％impulseVec = VectorNormalize（％impulseVec）；
％impulseVec = VectorScale（％impulseVec，％impulse *％distScale）；
％targetObject. applyImpulse（％position，％impulseVec）；｝｝｝
```

完成后新建一个 shapeBase. cs 文件，键入下列代码：

```
function ShapeBase::damage（％this，％sourceObject，％position，％damage，％damageType）
｛％this. getDataBlock（）. damage（％this，％sourceObject，％position，％damage，
％damageType）；｝
function ShapeBase::setDamageDt（％this，％damageAmount，％damageType）
｛if（％obj. getState（）！$="Dead"）
｛％this. damage（0，"0 0 0"，％damageAmount，％damageType）；
％obj. damageSchedule =％obj. schedule（50，"setDamageDt"，％damageAmount，
％damageType）；｝
else
％obj. damageSchedule = " "；｝

function ShapeBase::clearDamageDt（％this）
｛if（％obj. damageSchedule！$=" "）
｛cancel（％obj. damageSchedule）；
％obj. damageSchedule = " "；｝｝
```

完成了上述两个文件的定义后，我们将其在 game. cs 文件里释放。打开 player. cs 文件添加下列函数代码：

```
function Player :: playDeathAnimation（% this）
{ % this. setActionThread（"death9"）; }
```

此函数的功能是调用我们定义的玩家死亡的动画。接着在此文件下键入下列函数代码：

```
function Armor :: damage（% this, % obj, % sourceObject, % position, % damage, % damageType）
{ if（% obj. getState（）$ = "Dead"）
return;
% obj. applyDamage（% damage）;
% client = % obj. client;
% sourceClient = % sourceObject ? % sourceObject. client: 0;
if（% obj. getState（）$ = "Dead"）
% client. onDeath（% sourceObject, % sourceClient, % damageType, % location）; }
```

此函数的功能是调用人物的伤害函数。完成这个函数后，我们还需要在此文件中添加一个函数代码：

```
function Armor :: onDisabled（% this, % obj, % state）
{ % obj. playDeathAnimation（）;
% obj. setImageTrigger（0, false）;
% obj. schedule（6000, "startFade", 1000, 0, true）;
% obj. schedule（8000, "delete"）; }
```

最后我们需要打开 crossbow. cs 文件，完成当弩箭碰到玩家时所造成的伤害，键入下列函数代码：

```
function CrossbowProjectile :: onCollision（% this, % obj, % col, % fade, % pos, % normal）
{ if（% col. getType（）& $TypeMasks :: ShapeBaseObjectType）
% col. damage（% obj, % pos, % this. directDamage, "CrossbowBolt"）;
radiusDamage（% obj, % pos, % this. damageRadius, % this. radiusDamage, "Radius",
            % this. areaImpulse）; }
```

进入游戏，试着对 AI 发射弩箭，对静止的 AI 连射两箭，AI 是不是倒地死亡了？因为我们定义的玩家数据块的生命值为 100，AI 数据块派生于玩家数据块，所以 AI 的生命值也是 100。我们给弩箭设置的直接伤害为 50，在两次直接攻击下，AI 就倒地死亡了。如图 6 - 11 所示。

图 6 - 11　弩箭射杀 AI

学习完上述所有章节以后，读者宜认真地读完每段程序，以加深对 torque 中武器、AI、人物等定义的认识。完整的人物属性、武器的发射与装备、武器的伤害等定义，在 torque 自带的 starter.fps 实例中有详细的代码描述。建议读者完成上述步骤后通读 starter.fps 中的代码，这样就能对 torque 的人物、武器控制有详细的了解。

思考练习题

1. 在第五章练习完成的基础上，将系统自带的蓝色方块人换成 torque 自带 demo 中的兽人造型，并参照 torque 中的 starter.fps 实例设置玩家的各种属性。
2. 在第一题的基础上加入两个 AI，一个位于玩家出生地点，一个沿着制定好的路径巡逻。
3. 在第二题的基础上给玩家装备硬弩，并且弩箭能发射。
4. 在第三题的基础上完成弩箭对 AI 的伤害控制。

第七章　创建游戏音效和音乐

声音在 3D 游戏中能起到前后串联的作用，能够向玩家提供事件发生、背景变化方面的听觉提示，同时伴以 3D 位置的移动。巧妙地使用恰当的声音效果对制作一款优秀的 3D 游戏是非常必要的。

第一节　音乐与音效

游戏制作中，在什么地方使用音乐，效果可能会好一些？有一点肯定是不会错的，那就是把注意力放在游戏的发展和希望产生的某种情绪上。添加恰当的音乐片断也许正是产生某种预期情绪所必需的。

有些游戏，特别是多玩家游戏很少使用音乐。而在其他游戏中，比如单个玩家的冒险游戏，音乐是渲染故事情节和给玩家提供线索最基本的工具。

音频和声音效果可以用来增强游戏的真实感。游戏产生声音时，使用位置信息可以使场景效果大大增强。一个简单的例子就是在附近射击所产生的声音。通过计算幅度——基于射击的距离和方向，游戏软件可以通过向电脑的扬声器提供声音的方式让玩家得到一种强烈的射击发生位置感。如果玩家带上双耳式耳机，那效果会更好。这样一来，玩家就可以对附近的任何威胁有个较好的感觉，并做出相应的反应——通常是猛烈地还击。

跟踪和管理游戏声音发生位置的方式和处理其他实体一样，也是通过场景图来完成的。

一旦游戏引擎确认声音已经被引发，引擎就将声音的位置和距离信息转换到声音的立体"图像"中，为左声道或者右声道保持适当的音量和平衡。完成这些计算所用的方法和渲染 3D 对象时所用的方法非常相似。

第二节　启动界面声音

启动游戏，在进入游戏的主界面时，我们将听到优美的背景音乐，它是如何实现的呢？添加声音到指定的文件夹，添加背景音乐是通过客户端（client）目录下的程序实现的，此时启动游戏加载界面就有音效了。还记得第二章中搜集 logos 积分的小游戏吧，下面我们将对此小游戏添加加载界面音效和背景音乐。

（1）打开 mygame\Client\ui\audioProfiles.cs 文件（如果文件不存在，在该位置建立此

文件），在文件尾添加如下脚本代码：

```
new AudioDescription（AudioTest）
{ volume = 1.0;
isLooping = false;
is3D = false;
type = 0;};

new AudioProfile（AudioTestProfile）
{ filename = "~/data/sound/YinXiao.ogg";
description = "AudioTest";
preload = true;};

function AudioTest（% volume）
{ echo（"AudioTest volume = "@ % volume）;
alxListenerf（AL_GAIN_LINEAR, % volume）;
$pref::Audio::masterVolume = % volume;
alxPlay（AudioTestProfile, 100, 100, 100）;}
```

然后将 audioProfiles.cs 文件保存到 Client\ui 目录下，即 Client\ui\audioProfiles.cs。

（2）打开 mygame\main.cs，注意不是"根 main.cs"文件，在函数 initClient 中加入 exec（"./client/audioProfiles.cs"）;与 AudioTest（1）;语句，具体位置参考下面函数 initClient 的内容。

```
function initClient（）
{ echo（"\n - - - - - - - - -Initializing TTB：Client - - - - - - - - - -"）;
//The common module provides basic client functionality
initBaseClient（）;

//InitCanvas starts up the graphics system.
//The canvas needs to be constructed before the gui scripts are
//run because many of the controls assume the canvas exists at
//load time.
initCanvas（"Torque Mygame!"）;

//Load client-side Audio Profiles/Descriptions
exec（"./client/audioProfiles.cs"）;

//Load up the shell and game GUIs
exec（"./client/ui/PlayGui.gui"）;
exec（"./client/ui/mainMenuGui.gui"）;
```

```
exec（"./client/ui/optionsDlg.gui"）；
exec（"./client/ui/loadingGui.gui"）；
//Client scripts
exec（"./client/optionsDlg.cs"）；
exec（"./client/missionDownload.cs"）；
exec（"./client/serverConnection.cs"）；
exec（"./client/loadingGui.cs"）；
exec（"./client/playGui.cs"）；
exec（"./client/clientGame.cs"）；
//Default player key bindings
exec（"./client/default.bind.cs"）；

AudioTest（1）；

//Copy saved script prefs into C + + code.
setShadowDetailLevel（$pref :: shadows）；
setDefaultFov（$pref :: Player :: defaultFov）；
setZoomSpeed（$pref :: Player :: zoomSpeed）；

//Start up the main menu ...
Canvas.setContent（MainMenuGui）；
Canvas.setCursor（"DefaultCursor"）；}
```

此时，保存文件，这就完成了加载界面和游戏界面背景音乐的创作。

下面我们来分析一下audioProfiles.cs与main.cs文件的脚本代码，看看它们是如何来实现加载界面音乐的效果的。由于加载界面音效和背景音乐是在客户端进行播放的音乐，所以我们将在audioProfiles.cs文件中设置一些用于客户端的数据块和外形。

要创建一个声音，首先我们要对声音的属性进行描述，这一步要通过AudioDescription来完成，在我们直接或间接激活声音时都要使用AudioDescription，因此我们要对AudioDescription中具体的内容进行定义：

```
new AudioDescription（AudioTest）
{ volume = 1.0；
isLooping = false；
is3D = false；
type = 0；}；
```

注释：AudioTest是这个声音描述的句柄，其中各属性的含义分别为：

volume属性表示这个声音的默认音量，这个属性本身不可改变，但当声音被使用时，音量可以通过脚本语句来改变。

isLooping 属性表示是否在声音播放结束后重复。

is3D 属性是告诉 Torque 这个声音是否需要被处理，即产生位置信息，使声音本身具有 3D 效果。

type 属性是这个声音的实质声道，给定声道上的所有声音都可以通过声道指定的脚本语句来控制。

```
//创建背景音乐的源文件
new AudioProfile（AudioTestProfile）
{filename = "~/data/sound/YinXiao.ogg";
description = "AudioTest";
preload = true;};
```

注意：现在声音文件名被包含在源文件中了，代替上面所用到的 expandFilename 函数；第二个属性 description，指向我们先前定义声音属性的数据块。

其中需要注意的是 preload 属性，它的含义是"预加载"，即有别于在一般情况下播放时的加载声音文件，而是先将声音文件加载入内存中，待到用时，直接播放，提高运行效率。值为 false，表示没有使用预加载功能。

```
function AudioTest（%volume）
{echo（"AudioTest volume = "@%volume）;
alxListenerf（AL_GAIN_LINEAR,%volume）;
$pref::Audio::masterVolume = %volume;
alxPlay（AudioTestProfile, 100, 100, 100）;}
```

注意：现在 alxPlay 函数调用涉及源文件"AudioTestProfile"，而不是描述数据块"AudioTest"。后面的这三个参数定义了游戏世界中的 3D 坐标位置。声音被播放时会听起来像从某个位置传来，实现 3D 音效，这很重要。另外，要注意的是，当用这种方式激活声音时，你一定要保证声音文件包含一个单频道声音，而不是立体声。另外数据块中的 is3D 属性也要设为 false。

在 main.cs 文件中，在函数 initClient 里加入 exec（"./client/audioProfiles.cs"）;与 AudioTest（1）;语句，此为加载声音文件，并且要激活。完成这些工作后，启动游戏时就有背景音乐了。

第三节　场景音效

上面所讲的添加背景音乐是通过客户端（client）目录下的程序实现的，但是在 Torque 中，除了背景音乐以外，一般声音文件都是存放在服务器端（server）目录下的。下面将介绍游戏中的场景声音，我们还是在第二章搜集 logos 积分的小游戏中加入场景音效的。当我们寻找 logos 时，只要玩家找寻到 logo 附近，就能听到 logo 发出的声音，并且离 logo 越近，声音越大越清晰。logo 发出的声音是所有连接到服务器端的玩家都能听到的，对于 logo 声音的描述是在服务器端完成的。

（1）打开 mygame\server 下的 game.cs 文件并添加 exec("./audioProfiles.cs")；与 exec("./logosSound.cs")；两句脚本代码至其中的函数 onServerCreated()中，以此来加载我们所写的声音文件，具体位置参考如下函数 onServerCreated：

```
function onServerCreated ( )
{//This function is called when aserver is constructed.
//Master erver information for multiplayer games
 $Server :: GameType = "Torque TTB";
 $Server :: MissionType = "None";

//Load up all datablocks, objects etc.
exec ("./audioProfiles.cs");
exec ("./camera.cs");
exec ("./editor.cs");
exec ("./player.cs");
exec ("./logoitem.cs");
exec ("./logosSound.cs"); }
```

（2）打开 server\audioProfiles.cs 文件（如果文件不存在，在该位置创建此文件），在文件尾添加如下脚本代码：

```
datablock AudioDescription (LogosSound3d)
{ volume = 1.0;
isLooping = true;
is3D = true;
ReferenceDistance = 20.0;
MaxDistance = 100.0;
type = $SimAudioType; };
```

然后保存退出。
与客户端添加的不同处：
①第一句使用 datablock 而不是 new；②添加了两句以前没有的代码：
ReferenceDistance = 20.0;
MaxDistance = 100.0;

表示在距离 100 以内都能听见声音，在距离 20 ～ 100 以内存在声音的衰减，距离 20 以内没有声音的衰减。

注意：这段描述声音的代码，与在描述背景音乐时有点不同，按照所讲的在服务器端要完成定义 AudioDescription 的方法来进行编写。

（3）接下来，我们来编写 logos 的声音源文件，新建 server\logosSound. cs 文件。其文件内容如下：

datablock AudioProfile（Logo_Sound）

{ filename = " ~ /data/sound/orc_ pain. ogg"；

description = "LogosSound3d"；

preload = false；}；

注意：现在的声音文件名被包含在源文件中了，第二个属性 description 指向我们先前定义声音属性的数据块。其中需要注意的是 preload 属性，它的含义是"预加载"，即有别于在一般情况下播放时的加载声音文件。它先将声音文件加载入内存中，待到要用时，直接播放，提高运行效率。值为 false，表示没有使用预加载功能。

这样，logos 声音生成前的准备工作已经做好了。接下来，我们要进入游戏编辑器来完成声音的激活。

（4）双击 torqueDemo. exe 进入游戏，从工具栏中选择 World Editor Creator 选项，或者使用快捷键 F4，进入 World Editor Creator 界面。

（5）然后从右下角选择 Mission Objects\Environmevt\AudioEmitter 选项，此时会弹出一个对话框。依照图 7 - 1 所示选择后点 "ok"，这样就可以实现声音的播放，一个 logo 声音就出现了。

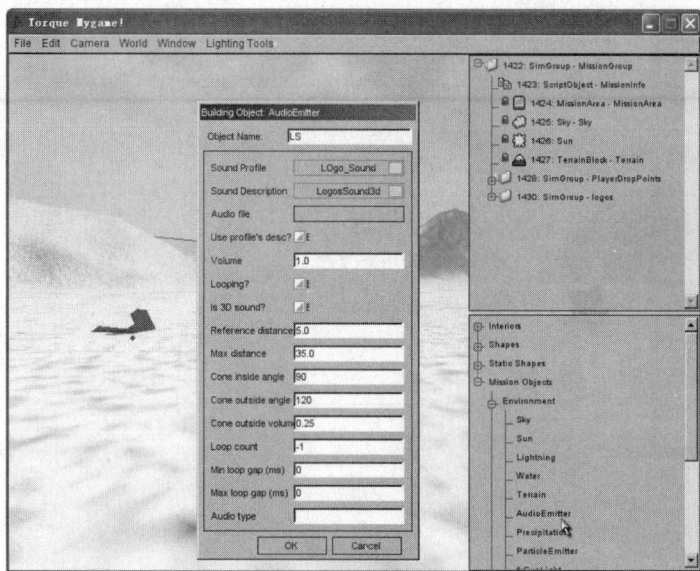

图 7 - 1 创建 AudioEmitter 对话框

（6）图 7 - 2 中的黑点区域便是瀑布声音的传达范围，听到 logo 声音后，别忘了保存修改的场景。我们的 logo 声音就完成了。同样，营火等 3D 粒子音效都可以用这种方法来添加。

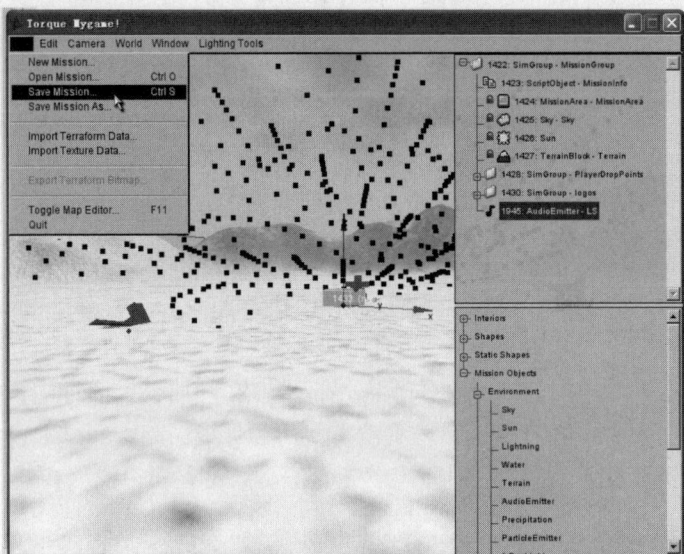

图 7 - 2　保存修改后的场景

　　前面章节的例子已经实现了 2D 声音和 3D 声音，以及客户端的背景音乐的创建和服务器端瀑布声音的创建。现在你知道该如何用脚本实现之前几章所创建场景的音效了吧？

（7）打开 example \ starter. fps \ server 的 audioProfile. cs 文件，定义了不同属性的 AudioDescription，以便创建不同游戏的声音。这里定义了比较完整的声音描述：

```
// - - - - - - - - - - - - - - - - - - - -
//3D 声音
// - - - - - - - - - - - - - - - - - - - -
//AudioDefault3d 这是流弹碰撞发出的声音
datablock AudioDescription（AudioDefault3d）
{ volume = 1. 0 ;
isLooping = false ;

is3D = true ;
ReferenceDistance = 20. 0 ;
MaxDistance = 100. 0 ;
type = $SimAudioType ; } ;

datablock AudioDescription（AudioClose3d）
{ volume = 1. 0 ;
isLooping = false ;
```

```
is3D = true;
ReferenceDistance = 10. 0;
MaxDistance = 60. 0;
type = $SimAudioType; };

datablock AudioDescription (AudioClosest3d)
{volume = 1. 0;
isLooping = false;
is3D = true;
ReferenceDistance = 5. 0;
MaxDistance = 30. 0;
type = $SimAudioType; };

// – – – – – – – – – – – – – – – – – – – –
//循环声音
datablock AudioDescription (AudioDefaultLooping3d)
{volume = 1. 0;
isLooping = true;
is3D = true;
ReferenceDistance = 20. 0;
MaxDistance = 100. 0;
type = $SimAudioType; };

datablock AudioDescription (AudioCloseLooping3d)
{volume = 1. 0;
isLooping = true;
is3D = true;
ReferenceDistance = 10. 0;
MaxDistance = 50. 0;
type = $SimAudioType; };

datablock AudioDescription (AudioClosestLooping3d)
{volume = 1. 0;
isLooping = true;
is3D = true;
ReferenceDistance = 5. 0;
MaxDistance = 30. 0;
type = $SimAudioType; };

// – – – – – – – – – – – – – – – – – – – –
```

```
//2D 声音
// – – – – – – – – – – – – – – – – – – – – –
//用于非循环环境声音（如电源，电源关闭）打雷触发的音效便是这种
datablock AudioDescription（Audio2D）
{ volume = 1. 0；
isLooping = false；
is3D = false；
type = $SimAudioType；}；

//用于循环环境声音（下雨、下雪、沙尘暴等都可以用这种音效）
datablock AudioDescription（AudioLooping2D）
{ volume = 1. 0；
isLooping = true；
is3D = false；
type = $SimAudioType；}；
```

这就是服务器端所设置的一些声音描述类型（AudioDescription），我们可以创建不同的声音轮廓（AudioProfile）来完成不同种类声音的实现，创建属于自己的游戏声音系统。

第四节 武器添加音效

游戏中加入音效，一般先对声音的属性进行描述，再创建背景音乐的源文件对象，然后通过激活加载的声音来实现。现在我们还是以第二章搜集 logos 积分的小游戏为例，给玩家添置武器并给武器添加音效。

本节所用资源在 Torque 自带的游戏文件夹 starter. fps 中，在安装文件夹 example 下可看到此文件夹。我们需完成以下工作：①将 example\starter. fps\data\shapes 文件夹下的武器文件夹 crossbow 复制到自己的游戏 data\shapes 文件夹下；②将 example\starter. fps\data\sound 文件夹内的声音文件复制到自己的游戏 data\sound 文件夹下；③将武器烟光效果图片文件夹 particles（在 example\starter. fps\data\shapes 下面）复制到自己的游戏 data\shapes 文件夹下。

（1）给玩家添置武器。打开 mygame\server 下的 player. cs 脚本文件，添加以下语句到 PlayerShape∷onAdd 功能区：

```
function PlayerBody∷onAdd（% this，% obj）
{//Called when the PlayerData datablock is first 'read' by the engine（executable）
parent∷onAdd（% this，% obj）；
% obj. mountImage（CrossbowImage，0）；
% obj. setImageAmmo（0，1）；}
```

（2）创建声音数据源并对声音的属性进行描述：打开 server\audioProfiles. cs 文件，在文件的后面添加脚本：

```
datablock AudioDescription （AudioDefault3d）
{ volume = 1. 0;
isLooping = false;
is3D = true;
ReferenceDistance = 20. 0;
MaxDistance = 100. 0;
type = $SimAudioType; };

datablock AudioDescription （AudioClosest3d）
{ volume = 1. 0;
isLooping = false;
is3D = true;
ReferenceDistance = 5. 0;
MaxDistance = 30. 0;
type = $SimAudioType; };

// – – – – – – – – – – – – – – – – – – – –
//Looping sounds

datablock AudioDescription （AudioDefaultLooping3d）
{ volume = 1. 0;
isLooping = true;
is3D = true;
ReferenceDistance = 20. 0;
MaxDistance = 100. 0;
type = $SimAudioType; };

datablock AudioDescription （AudioCloseLooping3d）
{ volume = 1. 0;
isLooping = true;
is3D = true;
ReferenceDistance = 10. 0;
MaxDistance = 50. 0;
type = $SimAudioType; };

// – – – – – – – – – – – – – – – – – – – –
//2D sounds
```

```
// – – – – – – – – – – – – – – – – – – – – – –
//Used for non-looping environmental sounds（like power on, power off）

datablock AudioDescription（Audio2D）
{ volume = 1.0;
isLooping = false;
is3D = false;
type = $SimAudioType;};

//Used for Looping Environmental Sounds
datablock AudioDescription（AudioLooping2D）
{ volume = 1.0;
isLooping = true;
is3D = false;
type = $SimAudioType;};

// – – – – – – – – – – – – – – – – – – – – –

datablock AudioProfile（takeme）
{ filename = " ~ /data/sound/takeme. wav";
description = "AudioDefaultLooping3d";
preload = false;};
```

（3）加载武器及声音文件，将 example \ starter. fps \ server \ scripts 文件夹下文件 crossbow. cs 拷贝到自己游戏的 server 目录下，然后打开 mygame\server 下的 game. cs 文件并添加以下代码 exec（"./crossbow. cs"）; 到函数 onServerCreated（）中。

```
function onServerCreated（）
{//This function is called when a server is constructed.
//Master server information for multiplayer games
$Server :: GameType = "Torque TTB";
$Server :: MissionType = "None";
//Load up all datablocks, objects etc.
exec（"./audioProfiles. cs"）;
exec（"./camera. cs"）;
exec（"./editor. cs"）;
exec（"./player. cs"）;
exec（"./logoitem. cs"）;
exec（"./logosSound. cs"）;
exec（"./crossbow. cs"）;}
```

现在我们重新开始游戏，玩家已经配备了武器，试着用武器射击目标，你是不是听到武器的声音了？

思考练习题

1. 创建背景音乐通常在客户端，为什么场景音效在服务器端完成？
2. 在 Torque 引擎中激活声音有哪几种方法？
3. 在 Torque 脚本中如何定义声音数据块，从而创建一个声音？
4. 按照本章内容，请在 mygame 小游戏中添加背景音乐与场景音效。

第八章　创建网络游戏

第一节　3D 坦克大战的创意来源

看到图 8-1 中的坦克大战，大家可能有点似曾相识的感觉，这就是红白机上面的坦克大战。现在 PC 上也能找相关平台的坦克大战，但是绝大多数都是平面的坦克大战，基于 3D 的坦克大战在市面上少之又少。因此把 2D 的坦克大战改造成 3D 版，可以说是创新的一种手法。当然，创新的手法有很多种，从 2D 转向 3D 并不是仅仅增加 3D 才这样做的，3D 版的可玩性和用户通讯等方面都大大增加了游戏的乐趣。

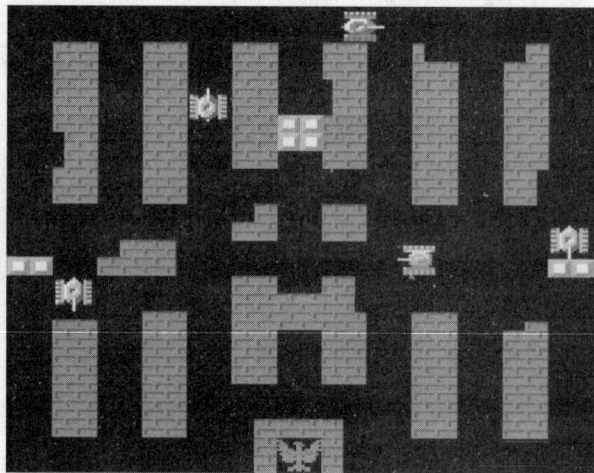

图 8-1　坦克大战

第二节　3D 坦克大战建模

坦克建模的前期要进行一些资料收集工作，应充分利用互联网的资源。有些坦克的 3D 模型（见图 8-2）是可以找到的，其建模手法可以作为参考。具体建模方法在此就不详细讲解了，读者可以参考 3DSMAX 相关的资料。

图 8-2　3D 坦克参考模型

一、3D 坦克模型的制作

通常在制作一款游戏时，先要将模型和动画制作出来，要把玩家角色动画加入到游戏中去并进行调试。游戏中的模型主要有角色模型、建筑模型、道具模型三种。在 torque 中，角色模型和道具模型应是 DTS 格式的，要得到 DTS 格式的文件，可以用 milkshape 3D 或者 3DSMAX 建模再用 DTS 导出插件转换为 DTS 格式。在动画方面，Torque 支持骨骼动画。通常，角色的每个动作如站立、跑步、死亡等都要先从 3DSMAX 导出然后保存到一个后缀为 *.DSQ 的文件中。这是 Torque 可以识别的动画文件格式。

使用 3DSMAX 工具来完成这项工作，由于 Torque 对引入到引擎的模型也有一定的要求，因此读者应注意以下两点：

（1）在符合游戏要求的条件下用尽量少的面进行制作；

（2）贴图符合游戏规范，采用 512×512 规格。

图 8-3 演示了根据以上两点完成的 3D 坦克模型，这个过程要不断进行导入试验，具体的导入方法参照本书第九章的内容。

图 8-3　3D 坦克完成的模型

二、3D 坦克其他模型的制作

一款成功的游戏，除了游戏本身的创意之外，还需要有精美的游戏模型和游戏界面。这里强调一点，程序员和美工在游戏开发当中具有同等重要的地位，一个成功的游戏公司在这方面的管理工作应该做得比较到位。一般一些小项目会比较容易忽视美工的作用，在此强调这些就是为了引起小项目游戏管理者的注意。

图8-4是游戏创建过程中的相关场景截图。

图8-4　相关场景截图

三、3D 坦克游戏 GUI 的制作

使用 Torque 1.5 版本引擎，结合 Photoshop cs2 设计游戏界面，包括：

（1）团队 logo 设计；

（2）坦克大战游戏 logo 设计；

（3）GUI 界面设计。

界面需求包括主界面、各项子界面、屏幕界面、开头界面、END 界面等方面。制作过程中频繁使用的控件包括：GuiBitmapCtrl、GuiBitmapButtonCtrl、GuiCheckBoxCtrl、GuiEditCtrl，等等。

以下是游戏的 GUI，包括主界面和创建联网时的界面，联网的程序在本章后面将详细介绍，见图8-5 和图8-6。

图8-5　游戏的主界面

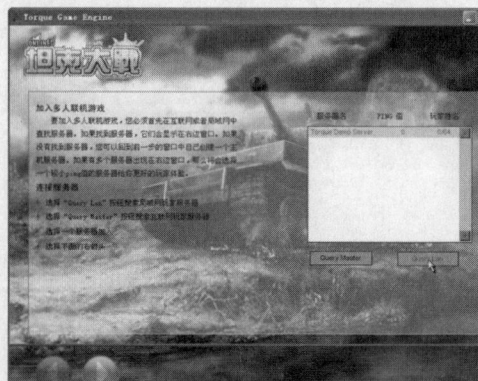

图8-6　游戏联网界面

第三节 3D 坦克大战服务器端 GUI

这一节开始我们将添加代码，允许用户运行服务并允许游戏玩家连接至服务器。为了能够连接成功，我们将提供给用户一个界面，使得用户可以使用该界面找到一些服务器并判断哪一个正在提供有趣的游戏，然后连接至那个服务器。

需要做的另外一件事情是确保用户离开服务器时，他应当返回至选择界面而不是像现在这样简单地退出。

此外，还需要在游戏界面上增加一项可以提供带有文本输入的聊天窗口的功能，游戏玩家可以利用这个功能输入信息并发送给其他游戏玩家。我们将以略微不同的方式来看看同样的问题，同时也想展示一下使用它能多么容易地设计出不同的但同样有效的游戏风格。

同前面一样，我们还需要修改一些文件，例如 MainScreen 界面，以便更好地符合需求。

我们在下一节中将添加所需的代码来实现这些界面功能。

一、MenuScreen 界面

Meuu Screen 将对主菜单界面作一些改动，使得它可以给用户提供一些附加选项：

（1）查看有关游戏和制作人的信息；

（2）进行单人模式的游戏；

（3）做游戏主机；

（4）连接至其他服务器。

打开 MenuScreen. gui 文件并找到如下行：

command = "LaunchGame ( ) ;" ;

这一行是 GuiButtonCtrl 的属性语句。从下面一行开始

New GuiButtonCtrl ( ) {

向下直至关闭大括号（"}"）之间，删除整个控件。在删除掉控件的地方，插入如下代码：

new GuiButtonCtrl ( ) {

profile = "GuiButtonProfile" ;

horizSizing = "right" ;

vertSizing = "top" ;

position = "30 138" ;

extent = "120 20" ;

minExtent = "8 8" ;

visible = "1" ;

```
command = " Canvas. setContent （SoloScreen）; " ;
text = " Play Solo" ;
groupNum = " - 1" ;
buttonType = " PushButton" ;
helpTag = " 0" ; } ;

new GuiButtonCtrl （ ） {
profile = " GuiButtonProfile" ;
horizSizing = " right" ;
vertSizing = " top" ;
position = " 30 166" ;
extent = " 120 20" ;
minExtent = " 8 8" ;
visible = " 1" ;
command = " Canvas. setContent （ServerScreen）; " ;
text = " Find a Server" ;
groupNum = " - 1" ;
buttonType = " PushButton" ;
helpTag = " 0" ; } ;

new GuiButtonCtrl （ ） {
profile = " GuiButtonProfile" ;
horizSizing = " right" ;
vertSizing = " top" ;
position = " 30 192" ;
extent = " 120 20" ;
minExtent = " 8 8" ;
visible = " 1" ;
command = " Canvas. setContent （HostScreen）; " ;
text = " Host Game" ;
groupNum = " - 1" ;
buttonType = " PushButton" ;
helpTag = " 0" ; } ;

new GuiButtonCtrl （ ） {
profile = " GuiButtonProfile" ;
horizSizing = " right" ;
vertSizing = " top" ;
position = " 30 237" ;
```

```
extent = "120 20";
minExtent = "8 8";
visible = "1";
command = "getHelp();";
helpTag = "0";
text = "Info";
groupNum = "-1";
buttonType = "PushButton"; } ;
```

可以使用内置的 GUI Editor（按下 F10 键）完成以上工作。请确认对照刚才所列的事项设置所有的属性。

值得注意的重要事情是这些控件是 command 属性，每一个控件都根据相应的功能以一个新的界面代替了一个已经显示的 MenuScreen 界面，但不包括 Info 按钮。

Info 按钮使用普通代码基址的 getHelp 特性。它搜索包含在根主目录下的所有目录来查找扩展名为 .hfl 的文件，然后将搜索结果按照字母顺序排列。如果以数字作为文件名的开始，例如 1.、2. 等，那么它将会以数字排列。应当会得到如图 8 - 5 所示的游戏主界面。

二、SoloPlay 界面

如图 8 - 6 所示，SoloPlay 界面制定了一个任务文件的列表，它是在 control\data 目录树下的地图子目录中查找的。从这个列表可以选择想进行游戏的地图或任务。它的代码和定义能够在 SoloScreen 模型中找到。

需要牢记的是，即使是戴着头罩的单人游戏模式，Torque Engine 也是两部分在运行：一个客户机和一个服务器。它只是没有进行跨网络的调用而已。

三、Host 界面

Host 界面与 Soloplay 界面有些相似，可以参见图 8 - 6。但是它提供更多的选项：设置时间限制和得分限制、加上地图选择模式等。它的代码和定义可以在 HostScreen 模型中找到。

如果时间和得分都设置了限制，那么第一个到达终点即结束游戏。设置为 0 即表示没有限制。顺序模式将使得服务器按照列表中的顺序逐个载入地图，一个游戏结束便载入新的游戏。随机模式使得服务器为每个游戏随机选取一张地图。时间限制由控件保存在变量 $Game::Duration 中，得分限制保存在变量 $Game::MaxPoints 中。

四、FindServer 界面

FindServer 界面可以让玩家查找服务器。它的代码和定义能够在 ServerScreen 模型中找到。它将会查找在所连接到的本地 LAN 上正在运行的服务器（当然应当连接至一个 LAN），并且它还将尝试通过互联网与 GarageGames 上的主服务器进行连接，并查找能连接的游戏。这可以通过 Torque Script 来完成，但是此内容已超出本书所讲述的范围。在 GarageGames 用户社区中有很多可用的主服务器资源。

在 FindServer 界面上，Query LAN 按钮所做的事情与单击主菜单界面上的 Connect to Server 按钮所做的事情是一样的，ServerScreen Code Module 部分的讨论中描述了 Connect to Server 按钮操作是如何执行的，就像这里的 Query LAN 按钮如何工作一样。

五、ChatBox 界面

为了显示从其他游戏玩家发送来的聊天信息，我们需要在主游戏界面加入控件。同时还需要一个控件来控制消息输入并发送给其他游戏玩家。如图 8 - 7 所示。

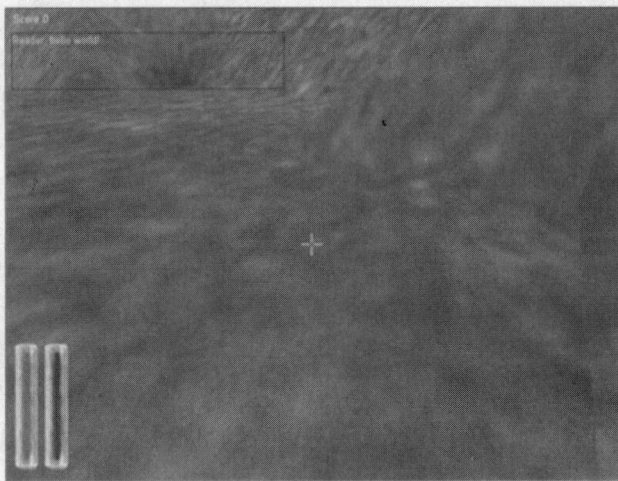

图 8 - 7　ChatBox 界面

打开文件\control\client\Initialize. cs 并添加如下行至 InitializeClient 函数：

exec（". /interfaces/ChatBox. gui"）;
exec（". /interfaces/MessageBox. gui"）;

这些 exec 语句加在可提供聊天界面的新文件中，也可以将它复制至\control\client\misc\presetkeys. cs，并添加如下键盘输入绑定语句至文件结尾处：

function pageMessageBoxUp（% val）
{ if（% val）
PageUpMessageBox（）; }

function pageMessageBoxDown（% val）
{ if（% val）
PageDownMessageBox（）; }

```
PlayerKeymap. bind （keyboard,"t"，ToggleMessageBox）；
PlayerKeymap. bind （keyboard,"PageUp"，PageMessageBoxUp）；
PlayerKeymap. bind （keyboard,"PageDown"，PageMessageBoxDown）；
```

前两个函数是胶合函数，由底部的两个绑定按键来调用并调用相应的函数使得消息框中的消息能上下滚动。我们需要这些函数来过滤由引擎发出的向上键和向下键的信号，让它只在按键按下时发生动作。你也可以通过在执行函数时检查% val 值来实现以上目的，当按下按键时为非零，释放按键时为零。

随后的绑定调用了在 MessageBox. cs （刚刚复制并马上要检查的文件之一）中定义的 ToggleMessageBox。

在界面文件中有几个概念需要注意。为了更好地说明，请看包含在 ChatBox. gui 中的 ChatBox 界面的定义：

```
new GuiControl （MainChatBox） {
profile = "GuiModelessDialogProfile"；
horizSizing = "width"；
vertSizing = "height"；
position = "0 0"；
extent = "640 480"；
minExtent = "8 8"；
visible = "1"；
modal = "1"；
setFirstResponder = "0"；
noCursor = true；


new GuiNoMouseCtrl （） {
profile = "GuiDefaultProfile"；
horizSizing = "relative"；
vertSizing = "bottom"；
position = "0 0"；
extent = "400 300"；
minExtent = "8 8"；
visible = "1"；


new GuiBitmapCtrl （OuterChatFrame） {
profile = "GuiDefaultProfile"；
horizSizing = "width"；
vertSizing = "bottom"；
position = "8 32"；
```

```
extent = "256 72" ;
minExtent = "8 8" ;
visible = "1" ;
setFirstResponder = "0" ;
bitmap = " . ／hudfill. png" ;

new GuiButtonCtrl （chatPageDown） {
profile = " GuiButtonProfile" ;
horizSizing = " right" ;
vertSizing = " bottom" ;
position = "217 54" ;
extent = "36 14" ;
minExtent = "8 8" ;
visible = "0" ;
text = " Dwn" ; } ;

new GuiScrollCtrl （ChatScrollFrame） {
profile = " ChatBoxScrollProfile" ;
horizSizing = " width" ;
vertSizing = " bottom" ;
position = "0 0" ;
extent = "256 72" ;
minExtent = "8 8" ;
visible = "1" ;
setFirstResponder = "0" ;
willFirstRespond = "1" ;
hScrollBar = "alwaysOff" ;
vScrollBar = "alwaysOff" ;
constantThumbHeight = "0" ;

new GuiMessageVectorCtrl （ChatBox） {
profile = " ChatBoxMessageProfile" ;
horizSizing = " width" ;
vertSizing = " height" ;
position = "4 4" ;
extent = "252 64" ;
minExtent = "8 8" ;
visible = "1" ;
setFirstResponder = "0" ;
```

```
lineSpacing = "0";
lineContinuedIndex = "10";
allowedMatches〔0〕= "http";
allowedMatches〔1〕= "tgeserver";
matchColor = "0 0 255 255";
maxColorIndex = 5;};};};};};
```

由上可知，在对象中有很多内嵌结构。

最外层属于 MainChatBox，这是一个包含整个界面的多用途的 GuiControl 容器，与查看 3D 世界时的 Canvas 的概念相同。

往里一层是 GuiBitmapCtrl 控件，其名称为 OutChatFrame。它有两个有用的函数，可以用它给的聊天框提供一个好看的位图背景，并且它还含有两个子对象。两个子对象之一是一个图标，它的出现告诉玩家什么时候可以向上滚动聊天框而足以隐藏聊天框底部的文字。这个控件是 GuiButtonCtrl，其名称为 chatPageDown。

另外一个控件是 GuiScrollCtrl，其名称为 ChatScrollFrame，它可提供垂直和水平的滚动条。

最后，最内部的密室是真正包含聊天框文字的控件。这个 GuiMessageVectorCtrl 支持文本的多行缓冲，可以在最底部显示新文本并将旧文本向上滚动。还可以使用命令（已经绑定于 PageUp 和 PageDown 按键）来向上或向下滚动文本缓冲。

六、MessageBox 界面

MessageBox 界面是输入消息的地方。如图 8 - 8 所示。

图 8 - 8 MessageBox 界面

当敲击绑定的按键时通常不出现在屏幕上而是弹出界面。这个界面的代码也包含了多个嵌套段，但是没有 ChatBox 界面的嵌套多。

```
new GuiControl（MessageBox）{
profile = "GuiDefaultProfile";
horizSizing = "width";
vertSizing = "height";
position = "0 0";
```

```
extent = "640 480";
minExtent = "8 8";
visible = "0";
noCursor = true;

new GuiControl (MessageBox_ Frame) {
profile = "GuiDefaultProfile";
horizSizing = "right";
vertSizing = "bottom";
position = "120 375";
extent = "400 24";
minExtent = "8 8";
visible = "1";

new GuiTextCtrl (MessageBox_ Text) {
profile = "GuiTextProfile";
horizSizing = "right";
vertSizing = "bottom";
position = "6 5";
extent = "10 22";
minExtent = "8 8";
visible = "1"; };

new GuiTextEditCtrl (MessageBox_ Edit) {
profile = "GuiTextEditProfile";
horizSizing = "right";
vertSizing = "bottom";
position = "0 5";
extent = "10 22";
minExtent = "8 8";
visible = "1";
altCommand = " $ThisControl. eval ();";
escapeCommand = "MessageBox_ Edit. onEscape ();";
historySize = "5";
maxLength = "120"; }; }; };
```

大家应该对这些代码很熟悉了，但是请注意最外层对象 MessageBox 最初是不可见的。
弹出对话框的代码将使其可见并可以在需要的时候再次隐藏它。

名为 MessageBox_ Text 的 GuiTextCtrl 控件与名为 MessageBox_ Edit 的 GuiTextEditCtrl 控

件处于相同的层次上。MessageBox_Text 可用来在输入消息的区域的前方给出提示，虽然这在定义中并没有文本。MessageBox_Edit 控件是接受输入消息的控件。altCommand 属性指定了按下 Enter 键时所执行的语句，escapeCommand 属性指定了按下 Escape 键时所要做的事情。这两个函数的处理程序将在随后的"客户机代码"一节的代码讨论中进行讨论。

第四节　3D 坦克大战客户端 GUI

不打算在游戏的这个阶段让初学者输入大段的程序代码，虽然还不能够完全摆脱这个现状，但我们必须作出一些改变来适应新的素材，也将会检查新素材的一些内容来看看它是做什么用的。

一、MessageBox 界面

打开文件 control\client\initialize. cs 并找到函数 InitializeClient，添加如下行至其他类似的语句中：

```
exec (". /misc/ServerScreen. cs");
exec (". /misc/HostScreen. cs");
exec (". /misc/SoloScreen. cs");
exec (". /interfaces/ServerScreen. gui");
exec (". /interfaces/HostScreen. gui");
exec (". /interfaces/SoloScreen. gui");
```

保存它并放入 control\client\ 目录下的由 exec 语句指定的子目录中。

这里的每一个文件基本上都有一个可分割为两部分的模型。实际的界面定义在扩展名为 . gui 的文件中，而管理这些界面的代码在具有相同前缀名但扩展名为 . cs 的文件中。

如果返回前面所列出的 MenuScreen. gui 的代码中，我们可以看到界面被调用的地方。ServerScreen 在 ServerScreen. gui 中定义，HostScreen 在 HostScreen. gui 中定义，SoloScreen 在 SoloScreen. gui 中定义。

每一个界面都有大致相同的形式。当通过 MenuScreen 界面的相关按钮调用 SetContent 来显示界面对象时，可由引擎调用一个界面对象的 OnWake 方法。这个方法备有界面并在界面上填充了各种数据字段。

二、SoloPlay 界面代码

图 8 - 6 中所看见的 SoloPlay 界面备有一个该界面可寻找到的任务文件的列表，可以从中选择任务来进行游戏。把从 SoloPlay. cs 中截取的 SoloPlay 界面的函数代码放在这儿进行讨论：

```
function PlaySolo ( ) {
% id = SoloMissionList. getSelectedId ( ) ;
% mission = getField ( SoloMissionList. getRowTextById ( % id) , 1) ;
StopMusic ( AudioIntroMusicProfile) ;
createServer ( "SinglePlayer" ,% mission) ;
% conn = new GameConnection ( ServerConnection) ;
RootGroup. add ( ServerConnection) ;
% conn. setConnectArgs ( "Reader") ;
% conn. connectLocal ( ) ; }

function SoloScreen :: onWake ( ) {
SoloMissionList. clear ( ) ;
% i = 0 ;
for ( % file = findFirstFile ( $Server :: MissionFileSpec) ;
% file ! $ = "" ; % file = findNextFile ( $Server :: MissionFileSpec) )
if ( strStr ( % file, "CVS/") = = - 1 && strStr ( % file, "common/") = = - 1)
SoloMissionList. addRow ( % i + + , getMissionDisplayName ( % file) @ "\t" @ % file) ;
SoloMissionList. sort ( 0) ;
SoloMissionList. setSelectedRow ( 0) ;
SoloMissionList. scrollVisible ( 0) ; }

function getMissionDisplayName ( % missionFile) {
% file = new FileObject ( ) ;
% MissionInfoObject = "" ;
if ( % file. openForRead ( % missionFile) ) {
% inInfoBlock = false ;
while ( !% file. isEOF ( ) ) {
% line = % file. readLine ( ) ;
% line = trim ( % line) ;
if ( % line $ = "new ScriptObject ( MissionInfo) {")
% inInfoBlock = true ;
else if ( % inInfoBlock && % line $ = "} ;") {
% inInfoBlock = false ;
% MissionInfoObject = % MissionInfoObject @ % line ;
break ; }
if ( % inInfoBlock)
% MissionInfoObject = % MissionInfoObject @ % line @ " " ; }
% file. close ( ) ; }
% MissionInfoObject = "% MissionInfoObject = " @ % MissionInfoObject ;
```

```
eval（% MissionInfoObject）；
% file. delete（）；
if（% MissionInfoObject. name！$ = " "）
return % MissionInfoObject. name；
else
return fileBase（% missionFile）；}
```

OnWake 方法正如前几章所描述的一样，在本示例中 onWake 方法可清除任务列表，然后我们根据在 $Server∶∶MissionFileSpec 中指示的路径去查找匹配文件来填充任务列表。这个变量文件 control\server\initialize. cs 的 InitializeServer 函数设置如下：

```
$Server∶∶MissionFileSpec = " * / maps/ * . mis"；
```

关于在呈现的代码中进行搜索的方式，有几件事情需要我们进行了解。

首先是所使用的语法问题。因为宽松的编码限制导致很难解译基于 C 的代码，而且 TorqueScript 语法与 C 语言和 C + + 极为相似。这将使我们回想起很多使用代码块的语句，例如 if 和 for 可以根据需要使用长形式或短形式。

举例来说，使用大括号的长形式

```
if（% a = = 1）{% x = 5；}
```
也可写成
```
if（% a = = 1）{
% x = 5；}
```
或者写成
```
if（% a = = 1）{
% x = 5；
}
```

这里还有其他几个小变量，但是大家肯定知道它们的意义。编译器并不关心代码表现出的行列的形式，也不关心空白数量（制表符、空格和回车）。它只关心正确的标记和关键字出现在正确的地方并符合编译器语法分析规则。当然，空白常用来分割标记和关键字，但是空白的数量对分析程序来说并不重要。

然而，这种类型语句的短形式却依赖于语句的上下文关系。首先请注意前面的代码还可写成

```
if（% a = = 1）% x = 5；
```

这表示先前示例中的大括号在这个特殊的语句形式中是多余的。但是，

```
if（% a = = 1）
% x = 5；
```

却是短形式的一种有效演绎。要执行的条件语句必须以单独的语句存在，并且必须马上进行条件测试。在本实例中，如果条件测试通过，则%x被赋予值5；如果测试不通过，则不进行随后的赋值过程。

如果使用相同的形式

if（%a＝＝1）
%x＝5；%b＝6；

若条件测试通过，则与上例相同，%x被赋予值5，%b被赋予值6。如果条件测试不通过，虽然不进行随后的赋值过程，但是在这之后的那个赋值过程依然进行。所以在上面示例中，%b总是能得到赋值6的。

现在大家可能知道为什么我们在这里谈论一些无关主题的话题，这就是答案：SoloScreen∷onWake方法具有如下代码可以搜索用于填充任务列表的任务文件：

```
for（%file＝findFirstFile（$Server∷MissionFileSpec）;
%file！$＝""；%file＝findNextFile（$Server∷MissionFileSpec））
if（strStr（%file,"CVS/"）＝＝-1 && strStr（%file,"common/"）＝＝-1）
SoloMissionList. addRow（%i＋＋，getMissionDisplayName（%file）@ "\t" @ %file）;
```

也许大家会对这段代码产生误解，即使完全了解C或Torque Script的编程。这里需要做的是将代码简化并消除由行的上下关系带来的语义模糊。大家将所有findFirstFile（$Server∷MissionFileSpec）的实例更改为fFF（），所有findNextFile（$Server∷MissionFileSpec）的实例更改为fNF（），最后将所有getMissionDisplayName（%file）的实例更改为gMDN（）。请注意更改后的代码如下（这不会被编译，但是也无须放在心上）：

```
for（%file＝fFF（）;
%file！$＝""；%file＝fNF（））
if（strStr（%file,"CVS/"）＝＝-1 && strStr（%file,"common/"）＝＝-1）
SoloMissionList. addRow（%i＋＋，gMDN（）@ "\t" @ %file）;
```

如果整理一下空白，将得到如下代码：

```
for（%file＝fFF（）; %file！$＝""；%file＝fNF（））
if（strStr（%file,"CVS/"）＝＝-1 && strStr（%file,"common/"）＝＝-1）
SoloMissionList. addRow（%i＋＋，gMDN（）@ "\t" @ %file）;
```

这个代码结构非常清晰地展现了算法过程。原来层层包裹的代码行使得代码难以理解，看上去像错误的代码一样，虽然其中并没有错误。以下是需要学习的经验教训：

（1）请确定程序编辑器允许显示多行的代码行，也许是150个字符；除非必须，否则不要使用太长的代码。

（2）多加注意函数名和变量名的长度。当尝试理解不熟悉或者冗余的代码时，较长的描述性名称可能会给你带来极大的帮助，但是大多数情况下带来的是困扰而不是帮助。

（3）在后面的一些要点上，较长的代码也许会让自己都感到困惑，对其他人（例如那些被叫来帮助修改程序的人）更是如此。

那么到底推荐哪种方式呢？短形式？不，我们推荐使用大括号和缩进并且放入长形式的语句，这样就能消除所有含糊的前后关系了。

```
for（% file = findFirstFile（ $Server :: MissionFileSpec）;
% file！$ = " "；% file = findNextFile（ $Server :: MissionFileSpec）） {
if（strStr（% file,"CVS/"） = = -1 && strStr（% file,"common/"） = = -1） {
SoloMissionList. addRow（% i + +, getMissionDisplayName（% file） @ "\t" @ % file）;
} // end of if
} // end of for
```

如果清楚自己所做的，还可以添加注释。不要以为这样做就会损坏专业程序人员的形象，任何经验丰富的程序员都会赞赏为了能更快、更好地理解自己的代码而做的任何努力，特别是他在做代码检查时。

现在，经过喋喋不休的讲解后，我们开始讨论关于代码的第二个问题：它能做什么？

最开始的 findFistFile 利用变量在指定目录搜索匹配文件的第一个实例。如果确实找到了一个文件，则将路径名保存在% file 变量中，并进入一个循环。在循环的每一个反复中，都调用 findNextFile 在队列中查找符合搜索规则的新文件。如果 findNextFile 没有找到任何匹配文件，那么% file 变量将设置为 NULL，并退出循环。在循环中检查存放于% file 中的路径名内容，看是否存在两个可能的无效目录名：CVS（用于源代码管理，且不是 Torque 中的一部分）和 common。如果找到的文件不在这两个目录中，那么认为这个文件就是有效的，并使用 SoloMissionList. addRow 方法将其添加至任务列表中。

findFirstFile – findNextFile 的功能十分强大。它维护了一个为查找的文件的内部列表，只需要在它出现时将路径名提取出来即可。

虽然对如此小的代码块费了如此多的口舌，但是我们还是要指出，这个界面只具备基本的功能，大家应当考虑添加更多的功能，例如队列或随机地图的选择选项，这些可以在随后的 Host 界面小节中找到。

getMissionDisplayName 是一项大型的、令人叹服的工作，但是它的功能却浅显易懂。虽然这种说法可能有些夸张，但基本如此。它按照指示灯打开一个文件并查找含有语句"% MissionInfoObject = "的代码行。然后使用这条语句创建一个实际的 MissionInfoObject 对象，并使用这个对象的 name 属性获得对象名称，然后将名称返回至调用函数。这是一个检查文件的比较聪明的办法。当我们意识到任务文件就是具有不同扩展名的 Torque Script 文件时，使用这个办法就显得更明智了。

这段代码向我们展示了很多在使用 Torque Script 中可能发生的事情。其中之一就是执行由 Torque Script 编写的指令的可改编程序的智能机器人，只需要在运行时读入新指令即可，不需要创建自己的机器人控制语言。

三、Host 界面代码

Host 界面代码与刚才看见的 SoloPlay 代码相同。该提及的事情都已经讨论过了，除了应当添加一些代码来提供以顺序或随机方式选择游戏地图的功能。

大家可能会想到在 HostScreen. gui 中提供的 Sequence 和 Random 按钮，以便设置 onWake 代码可以检查的变量。如果变量有一个值，则无须做任何操作；如果变量有一个不同的值，则让 onWake 方法随机选择一张地图。引入随机数的一个简单办法是在 0 和可用地图数之间选择一个随机值，然后在 findNextFile 函数返回这些地图时否决它，这样就可以接受返回的下一张地图了。

四、FindServer 界面代码

FindServer 界面允许玩家浏览那些可以连接的服务器。我们已经在第五、六、七章看到了这部分 Torque 是如何工作的，所以这里不再讲述得太详细。以下是从 ServerScreen. cs 中提取出来的 FindServer 界面的代码，此处略作讨论：

```
function ServerScreen :: onWake ( ) {
MasterJoinServer. SetActive ( MasterServerList. rowCount ( ) > 0 ) ; }

function ServerScreen :: Query (% this)  {
QueryMasterServer (
0, // Query flags
 $Client :: GameTypeQuery, // gameTypes
 $Client :: MissionTypeQuery, // missionType
0, // minPlayers
100, // maxPlayers
0, // maxBots
2, // regionMask
0, // maxPing
100, // minCPU
0// filterFlags) ; }

function ServerScreen :: Cancel (% this)  {
CancelServerQuery ( ) ; }

function ServerScreen :: Join (% this)  {
CancelServerQuery ( ) ;
% id = MasterServerList.  GetSelectedId ( ) ;
% index = getField ( MasterServerList.  GetRowTextById (% id), 6) ;
if ( SetServerInfo (% index) ) {
```

3D游戏设计与开发

```
% conn = new GameConnection ( ServerConnection ) ;
% conn. SetConnectArgs ( $pref :: Player :: Name ) ;
% conn. SetJoinPassword ( $Client :: Password ) ;
% conn. Connect ( $ServerInfo :: Address ) ; } }

function ServerScreen :: Close ( % this )  {
cancelServerQuery ( ) ;
Canvas.  SetContent ( MenuScreen ) ; }

function ServerScreen :: Update ( % this )  {
ServerQueryStatus.  SetVisible ( false ) ;
ServerServerList.  Clear ( ) ;
% sc = getServerCount ( ) ;
for ( % i = 0 ; % i < % sc ; % i + + )  {
setServerInfo ( % i ) ;
ServerServerList.  AddRow ( % i,
( $ServerInfo :: Password?" Yes" : " No" ) TAB
 $ServerInfo :: Name TAB
 $ServerInfo :: Ping TAB
 $ServerInfo :: PlayerCount @ " / " @  $ServerInfo :: MaxPlayers TAB
 $ServerInfo :: Version TAB
 $ServerInfo :: GameType TAB
% i ) ; // ServerInfo index stored also }
ServerServerList.  Sort ( 0 ) ;
ServerServerList.  SetSelectedRow ( 0 ) ;
ServerServerList. scrollVisible ( 0 ) ;
ServerJoinServer.  SetActive ( ServerServerList.  rowCount ( )  > 0 ) ; }

function onServerQueryStatus ( % status , % msg , % value )  {
if ( ! ServerQueryStatus.  IsVisible ( ) )
ServerQueryStatus.  SetVisible ( true ) ;
switch  $( % status )  {
case " start" :
ServerJoinServer.  SetActive ( false ) ;
ServerQueryServer.  SetActive ( false ) ;
ServerStatusText.  SetText ( % msg ) ;
ServerStatusBar.  SetValue ( 0 ) ;
ServerServerList.  Clear ( ) ;
case " ping" :
```

```
ServerStatusText.  SetText（"Ping Servers"）；
ServerStatusBar.  SetValue（%value）；
case "query"：
ServerStatusText.  SetText（"Query Servers"）；
ServerStatusBar.  SetValue（%value）；
case "done"：
ServerQueryServer.  SetActive（true）；
ServerQueryStatus.  SetVisible（false）；
ServerScreen.  update（）；}}
```

如果从前面的化身身上能得到任何可列出的东西，那么这里的 onWake 方法将会激活列表。只要界面对象一出现在屏幕上，该方法即被调用。

单击 Query Master 按钮时，Query 方法即被调用，该方法将发送一个查询包至主服务器并告知主服务器所适应的服务器类型。如果主服务器返回信息，那么这些信息将会被保存在服务器信息列表中，此时将调用 Updata 发放并在屏幕上创建列表。这种来来回回的处理过程在第六章有详细的描述。

onServerQueryStatus 方法处理来自主服务器的各种响应，并根据变化的状态保存返回的信息至相应的列表域中。

五、ChatBox 界面代码

打开 control\client\Initialize. cs，并添加如下代码至 InitializeClient 函数：

```
exec（"./misc/ChatBox. cs"）；
exec（"./misc/MessageBox. cs"）；
```

这些 exec 语句将会加在可聊天界面的新文件中，并保存放入到 control\client\下的由 exec 语句指定的子目录中。

ChatBox 界面通过一个相当错综复杂的过程来接收文本信息。信息文本最先产生于一个客户机并被发送至服务器。服务器在接收到输入的信息之后将其传递给那些处理服务器和客户机之间聊天消息的普通代码。一旦消息到达客户机普通代码中，又将被传递至被称为 onChatMessage 的消息处理程序中，我们将这个处理程序放置在 ChatBox. cs 模型的客户机控制代码中。在客户机控制代码中还有一个平放的处理程序，叫做 onServerMessage，它的功能与前面处理聊天信息的功能一样。这两个函数如下：

```
function onChatMessage（%message,%voice,%pitch）{
if（GetWordCount（%message））{
ChatBox.  AddLine（%message）;}}

function onServerMessage（%message）{
if（GetWordCount（%message））{
```

ChatBox. AddLine（% message）；} }

不需要再做其他事情——只要使用 AddLine 方法给 ChatBox 对象添加新文本就可以了。AddLine 方法就是处理所有关键事情的地方，其代码如下：

```
function ChatBox :: addLine （% this，% text） {
% textHeight = % this. profile. fontSize；
if （% textHeight ＜ ＝0）
% textHeight = 12；
% chatScrollHeight = getWord （% this. getGroup（）. getGroup（）. extent，1）；
% chatPosition = getWord （% this. extent，1）－ % chatScrollHeight +
getWord （% this. position，1）；
% linesToScroll = mFloor （（% chatPosition / % textHeight）+ 0. 5）；
if （% linesToScroll ＞ 0）
% origPosition = % this. position；
while （! chatPageDown. isVisible（）&&
MsgBoxMessageVector. getNumLines（）&&
（MsgBoxMessageVector. getNumLines（）＞ =
$pref :: frameMessageLogSize））{
% tag = MsgBoxMessageVector. getLineTag（0）；
if （% tag ！ ＝0）
% tag. delete（）；
MsgBoxMessageVector. popFrontLine（）；}
MsgBoxMessageVector. pushBackLine （% text，$LastframeTarget）；
$LastframeTarget = 0；
if （% linesToScroll ＞ 0）{
chatPageDown. setVisible （true）；
% this. position = % origPosition；}
else
chatPageDown. setVisible （false）；}
```

然后使用 getGroup 来获得这个控件多属的对象组的句柄，并且使用这个句柄来获得父对象组的句柄。再用这个句柄来获得 extent 属性，这样就可以知道父对象的高度和宽度了。使用 getWord 获得数字 1——实际上是第二个数字，来得到长度中的第二个值，这就是高度（常常误导程序员从 0 而不是从 1 开始计数——但并不总是这样!）。

该对象使用位置参数维持当前的输出位置，将这个位置参数用于计算下一个将要出现的位置，并将其保存为% chatPosition。然后利用这个计算结果计算% linesToScroll。该变量将指定文本滚动动作和滚动条动作。

接下来，进入循环阶段，从叫做 MsgBoxMessageVector 的文本缓冲中逐行提取文本信息，并将文本行插入 ChatBox 控件中。

最后，根据自己的位置是否导致文本在底部显示时超出所见范围来调节向下滚动提示的可见度。

六、MessageBox 界面代码

MessageBox 界面接受的键盘输入，需要在服务器上添加消息处理程序来获得从客户机发送的输入的消息，因为篇幅的关系，这要比在本章花费更多的工夫，因此就不在本章中展开处理客户机问题。

打开文件 control\server\server.cs，并添加如下函数至文件结尾处：

```
function serverCmdTypedMessage（%client，%text）｛
if（strlen（%text）>=$Pref::Server::MaxChatLen）
%text=getSubStr（%text，0，$Pref::Server::MaxChatLen）；
ChatMessageAll（%client，\c4%1：%2'，%client. name，%text）；｝
```

这段处理程序抓出了新进的输入消息，并确定该消息不太长（可以限制聊天消息的大小以保障带宽需要），然后将之发送至名为 ChatMessageAll 的普通代码服务器函数。ChatMessageAll 函数将分发该消息至所有登录进游戏的其他客户机。

接下来，让我们来看看在 MessageBox 界面上管理这个过程的代码：

```
function MessageBox::Open（%this）｛
%offset=6；
if（%this. isVisible（））
return；
%windowPos="8 " @（getWord（outerChatFrame. position，1）+
getWord（outerChat-Frame. extent，1）+1）；
%windowExt=getWord（OuterChatFrame. extent，0）@ " " @
getWord（MessageBox_ Frame. extent，1）；
%textExtent=getWord（MessageBox_Text. extent，0）；
%ctrlExtent=getWord（MessageBox_ Frame. extent，0）；
Canvas. pushDialog（%this）；
MessageBox_ Frame. position=%windowPos；
MessageBox_ Frame. extent=%windowExt；
MessageBox_ Edit. position=setWord（MessageBox_Edit. position，0，%textExtent+
%off-set）；
MessageBox_ Edit. extent=setWord（MessageBox_Edit. extent，0，%ctrlExtent-
%textExtent-（2 * %offset））；
%this. setVisible（true）；
deactivateKeyboard（）；
```

```
MessageBox_ Edit. makeFirstResponder（true）；}

function MessageBox :: Close （% this） {
if（!% this. isVisible（））
return；
Canvas. popDialog（% this）；
% this. setVisible（false）；
if（ $enableDirectInput）
activateKeyboard（）；
MessageBox_ Edit. setValue（""）；}

function MessageBox :: ToggleState （% this） {
if（% this. isVisible（））
% this. close（）；
else
% this. open（）；}

function MessageBox_ Edit :: OnEscape （% this） {
MessageBox. close（）；}

function MessageBox_ Edit :: Eval （% this） {
% text = trim（% this. getValue（））；
if（% text ! $ = ""）
commandToServer（'TypedMessage', % text）；
MessageBox. close（）；}

function ToggleMessageBox （% make） {
if（% make）
MessageBox. toggleState（）；}
```

Open 方法根据 MainChatBox 对象的属性设置进行一些本地变量的赋值操作，而且将消息框往下并稍微向右偏移，这样就可以在聊天显示的位置上放置消息框了。

当完成以上操作后，代码利用 Canvas. pushDialog（% this） 将 MessageBox 控件载入 Canvas，这里的% this 是 MessageBox 控件对象的句柄，并根据先前保存的本地变量值来确定位置。

当完成控件的定位后，代码将使得控件可见。

接下来，代码将关闭 Canvas 对象的键盘输入并设置 MessageBox_ Edit 子对象来响应操作键输入。从这一点来说，所有的输入都将传递给 MessageBox_ Edit 子对象，除非情况发生改变。

Close 方法从 Canvas 中移除控件，使得控件重新不可见，并恢复操作 Canvas 的键盘输入。

ToggleState 方法就是以切换形式打开或关闭消息框。如果控件已打开，该方法就关闭它，反之亦然。

OnEscape 方法关闭控件。这个方法是在 MessageBox. gui 的界面定义中被定义为 escapeCommand 属性值的。

Eval 方法包含了已经输入的文本，消除了结尾处的空格并将该文本作为 TypedMessage 消息的参数发送至服务器，这样服务器就知道该如何处理了。

最后，ToggleMessageBox 方法在 presets. cs 文件中绑定于"t"键。当它在 % make 中接收到一个非空值时，它将使用 ToggleState 方法改变当前 MessageBox 的打开状态。

第五节　游戏循环

我们需要完成的最后的特性是让游戏在结束时，或者说当游戏玩家达到分值极限或到达时间限制时，能再次循环开始游戏。

首先，添加如下函数至 control\server\server. cs 的结尾处：

```
function cycleGame ( ) {
if ( ! $Game :: Cycling)  {
 $Game :: Cycling = true;
 $Game :: Schedule = schedule  (0,  0,"onCycleExec") ; } }

function onCycleExec ( ) {
endGame ( ) ;
 $Game :: Schedule = schedule  ( $Game :: EndGamePause  *  1000,  0,"onCyclePauseEnd") ; }

function onCyclePauseEnd ( ) {
 $Game :: Cycling = false;
% search = $Server :: MissionFileSpec;
for ( % file = findFirstFile  ( % search) ; % file  ! $ = "" ;
% file = findNextFile  ( % search) )  {
if ( % file  $ = $Server :: MissionFile)  {
% file = findNextFile  ( % search) ;
if ( % file  $ = "" )
% file = findFirstFile  ( % search) ;
break ; } }
loadMission  ( % file) ; }
```

第一个函数 cycleGame 在随后的某个时间点上安排发生实际的代码循环。在这个示例中，当确定没有准备开始循环之后这样做是正确的。

函数 nCycleExec 的作用是结束游戏。endGame 函数除了在游戏结束时停止游戏之外，别无他用。onCyclePauseEnd 函数安排所要进行的下一步动作。这个函数允许显示一个胜利屏幕或其他消息，并且在继续进行下一场游戏之前让其在屏幕上停留一段时间。

为了激活 cycleGame 函数，要做两件事情。首先，当游戏开始运行时，根据 $Game :: Duration 来安排游戏的终结。在 server. cs 文件较后的位置找到函数 StartGame，并添加如下代码至开头处：

if（$Game :: Duration）
$Game :: Schedule = schedule （$Game :: Duration ＊ 1000，0，"CycleGame"）；

这将会开始游戏计时器的运行。如果计时器终止，则调用 cycleGame 函数。

其次，添加一些代码来检查游戏玩家是否达到了 $Game :: MaxPoints 的限制值。找到函数 GameConnection :: DoScore（）并添加如下代码至函数顶部：

% client. score = （% client. lapsCompleted ＊ $Game :: Laps_ Multiplier） ＋
（% client. money ＊ $Game :: Money_ Multiplier） ＋
（% client. deaths ＊ $Game :: Deaths_ Multiplier） ＋
（% client. kills ＊ $Game :: Kills_ Multiplier）；

这段代码累加多个分值至一个总分值中。现在应添加如下代码至同样的 DoScroe 函数的结尾处：

if（% client. score ＞ ＝ $Game :: MaxPoints）
cycleGame（）；

如果有任何游戏玩家达到分值限制，那么这段代码将导致游戏循环动作的发生。游戏循环动作所带来的结果是结束游戏，加载新的地图并将游戏玩家放入游戏的新地图中。

第六节　最后的修改

最后，需要修改的最近的代码将允许在退出游戏后还能留在程序当中。以前的情况是，按下 Escape 键退出游戏时，同时也退出了程序，最后的这个修改将改变这种情况。打开文件 control \ client \ misc \ presetkeys. cs 并找到函数 DoExitGame（），按如下方式修改代码：

function DoExitGame（）{
if（$Server :: ServerType $ ＝ "SinglePlayer"）

MessageBoxYesNo（"Exit Mission"，"Exit?"，"disconnect（）;"，""）;
else
MessageBoxYesNo（"Disconnect"，"Disconnect?"，"disconnect（）;"，""）;}

这里的这个函数是用来确定玩家是处于单人模式还是处于多人模式下。这个检查的作用是根据所处的模式来提供定制的退出提示。在所有的情况下，程序员都将调用disconnect 函数来切断客户端与游戏服务器的连接。

思考练习题

1. 根据本章的实例策划一个游戏。
2. 根据策划动手建模。
3. 在 Torque 创建一个已经策划好的游戏。
4. 进行游戏测试。

第九章 3D 资源导入 Torque 引擎

第一节 安装输出插件

首先，打开 3dsMax8chs\plugins\目录，将 max2dtsExporter.dle 插件复制到该目录下（**注意**：这里使用的是 Max 简体中文版 8.0，不同的 Max 版本要用相对应其版本的插件才能进行正确的导出，资源包里提供插件包）。如图 9-1 所示。

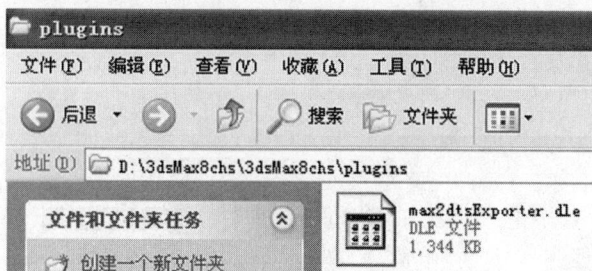

图 9-1 资源包里的插件包

其次，启动 Max，选择面板组里的"▼"（工具面板）选项，点开"▣"（配置按钮集），把按钮总数增加为 10 个，然后把左边的工具——DTS Exporter Utility，拖动到右边空白按钮处，点确定即可完成输出插件的安装工作。如图 9-2 所示。

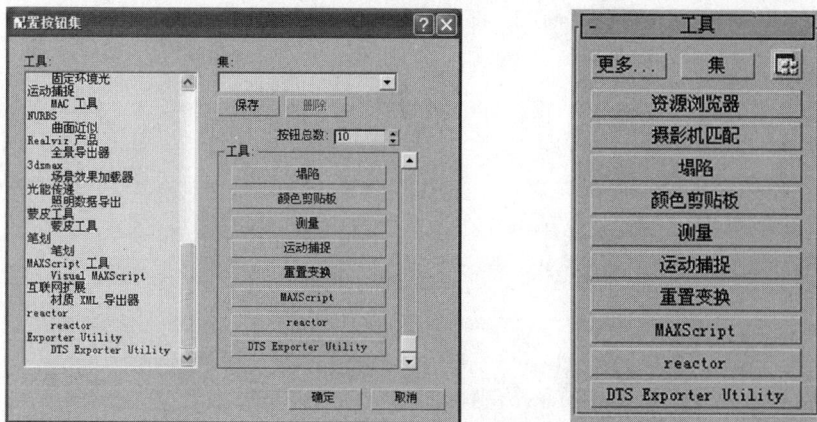

图 9-2 输出插件的安装

第二节 建立包围盒及碰撞检测

一、建立一个包围盒

（1）模型建好后，需要建立一个 box（长方体），名称必须为 Bounds。建立 bounds 需区分静态模型和动态模型，其中：

①静态模型：建一个足够大的长方体，包裹整个模型，改其名字为 bounds。

②动态模型：完成跟建立静态模型相同的步骤后，再选择bounds，点选 ▲（层次面板），修改"链接信息"里的继承选项，把 XYZ 的勾选全部去掉。如图 9-3 所示。

（2）如果建立了骨骼的话，把 bounds 链接到 Bip01 上。到此为止，动态模型的 Bounds 建立完毕。

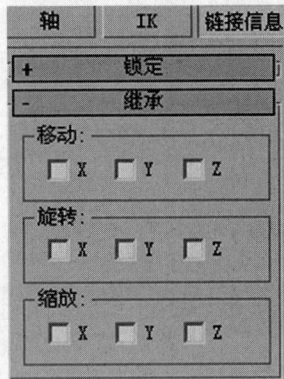

图 9-3 动态模型的建立

二、建立碰撞检测

（1）把模型复制出一个副本，命名为 col-1，作为模型的碰撞检测网格。

（2）静态模型：选中模型（比如说 sphere01）和碰撞检测网格（col-1），在输出插件 `DTS Exporter Utility` 下，点击 `Embed Shape`，建立如图 9-4 所示的层级关系，其中 base01、start01、detail1、detail-1 都是虚拟对象。

注意：一定要把创建出来的 detail-1 改为 collision-1。

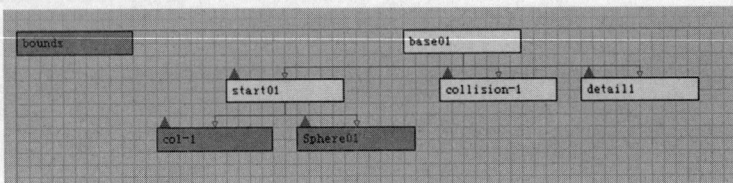

图 9-4 模型的层级关系

（3）bip 骨骼：层级关系如图 9-5 所示，其中 play128 是建立的角色模型，detail128 为相对应的虚拟体，两个后面的数字必须相同；run 是动画序列（也就是创建的 Sequence 序列，改了名而已），play128、run 这两个要独立。

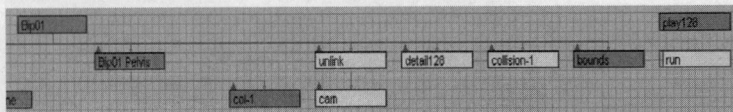

图 9-5 bip 骨骼的层级关系

第三节 建立 Sequence 序列和导出 DTS、DSQ 文件

学习本节前必须了解的内容：

（1）如果导出的模型是静态模型，不含动作，只需将导出的 DTS 格式文件导入到 Torque 引擎即可。

（2）如果导出的模型是动态模型，带有角色动作，必须先删除所有动作关键帧，导出 DTS 文件；然后再建立相关动作的 Sequence 序列，删除角色模型网格，最后再导出 DSQ 文件。

一、导出 .dts 文件

（1）在 `DTS Exporter Utility` 下，点击 `Whole Shape` 按钮，设定需要保存文件的路径名。

（2）若导出时出现问题可以查看同一目录下生成的 dump.dmp 文件。

二、建立 Sequence 序列

（1）选择 ▨（创建）→ ▨（辅助对象），在下拉列表中选择 GeneralDTSObjects，点击 `Sequence` 按钮。这时鼠标会变成十字形，在场景中拖动即可生成一个 Sequence 序列。

注意：Sequence 序列必须放在 Bounds 虚拟体内部，否则导出 dsq 文件时会出错，Sequence01 即生成的序列的默认名。操作界面如图 9 – 6 所示。

（2）添加动画控制点。在场景中选择 Sequence01，点击常用工具栏右上方的 ▨（曲线编辑器）按钮，弹出如图 9 – 7 所示的编辑框，选择对象（SequenceII）→ SequenceBegin/End 选项。点击按钮 ▨（添加关键帧），在 0 轴上添加动画的起始帧和结束帧后，关闭这个编辑框。

图 9 – 6 创建 Sequence 序列

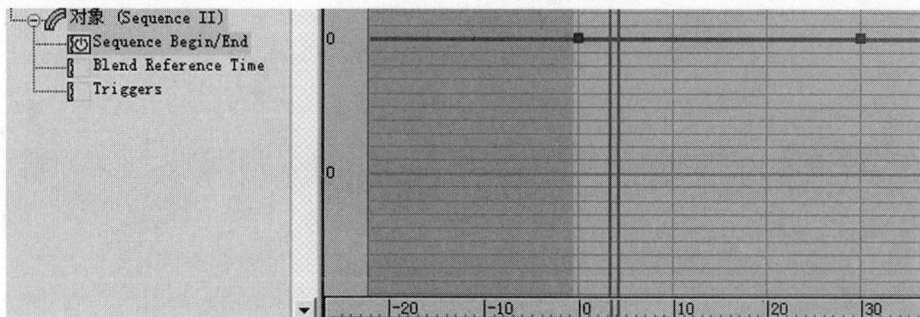

图 9 – 7 添加动画控制点

三、导出 .dsq 文件

（1）删除角色模型网格。

（2）在 `DTS Exporter Utility` 下，点击 `Sequence` 按钮，设定需要保存文件的路径名。

四、通过一个实例详细演示 DTS、DSQ 文件的导出

1. 了解建模基本要求

（1）建议角色身高在 1.6~2.0 米之间，模型为三角面，面数在 3 500 以下；

（2）要在 Z 轴的正半轴建立角色模型，模型的正面始终朝向 Y 轴的正半轴；

（3）贴图用 .TIF 或 .png 格式，贴图大小为 256×256 或 512×512；

（4）贴图和模型文件必须放在同一个目录下。

2. 创建主角模型

在资源库里找到模型 Zombie.max，这是一个已做好的带贴图的怪物模型，我们把它作为本实例的主角。

3. 设定好单位

（1）在 3dsMax 的"自定义"菜单中选择"单位设置"。如图 9-8 所示。

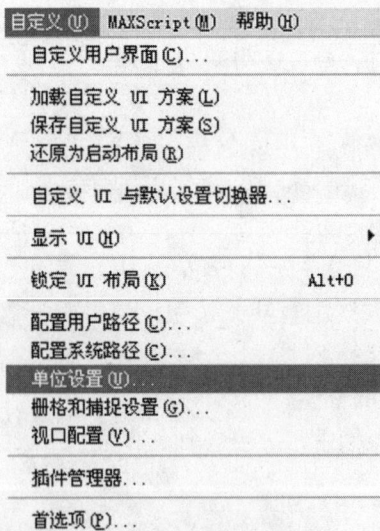

图 9-8　3dsMax 中"自定义"菜单内的"单位设置"选项

（2）设置显示单位比例为公制"米"，系统单位比例为 1 个单位 = 1 米。如图 9-9 所示。

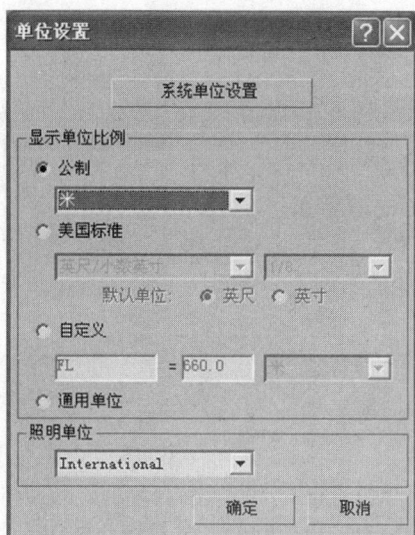

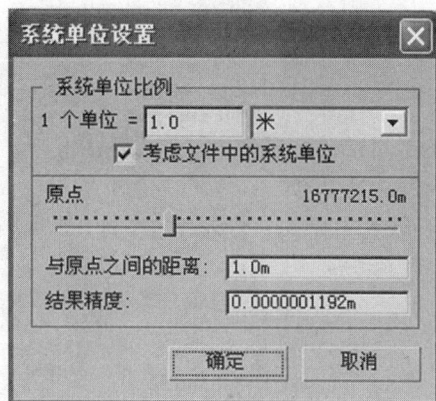

图9-9 显示单位比例与系统单位比例设置

（3）把鼠标放置在"🖰³"（捕捉开关）上点击右键，设置"栅格间距"为1米。如图9-10所示。

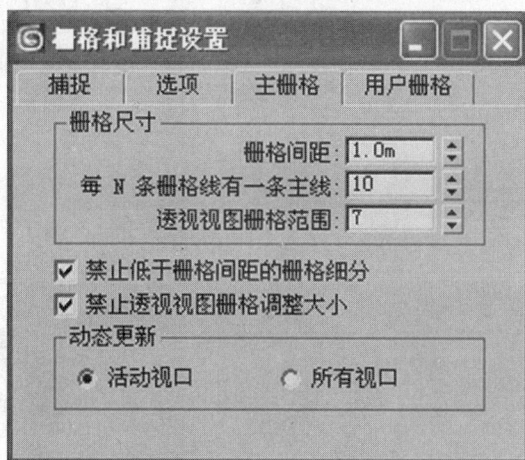

图9-10 栅格间距设置

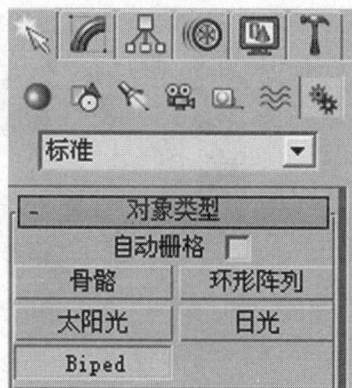

图9-11 在场景中拖拉出骨骼序列

4. 创建骨骼，并根据角色模型摆姿势、刷权重

（1）在"🖰"（创建面板）里点击"⚙"（系统）的标准Biped，在场景中拖拉出骨骼序列。如图9-11所示。

（2）如果骨骼序列大小、高度不合适，可以在"工具面板"里的"更多"选项中选择打开"重缩放世界单位"命令，进行骨骼序列的缩放，把坐标清零，调整好骨骼序列的位置。如图9-12，9-13，9-14所示。

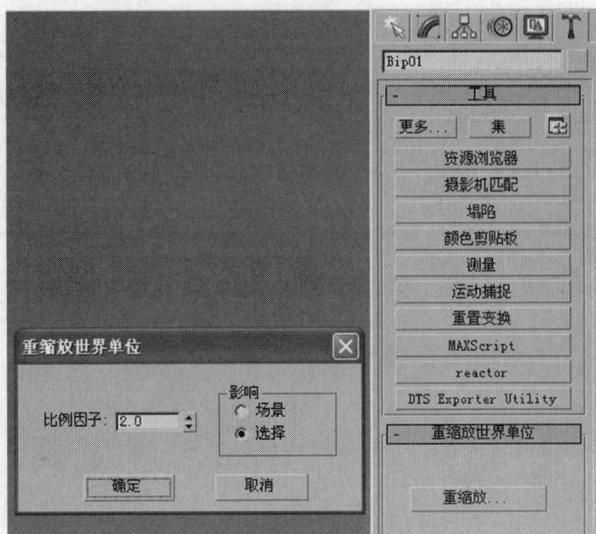

图 9 – 12 "工具面板"中的"重缩放世界单位"命令

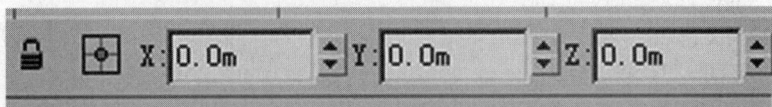

图 9 – 13 将坐标清零

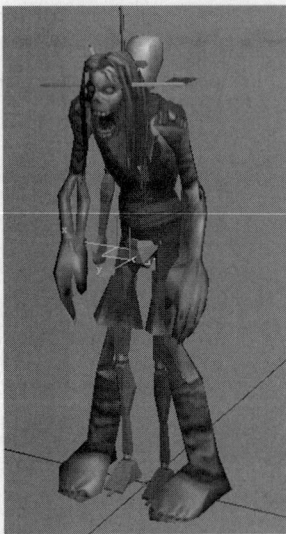

图 9 – 14 调整后的效果

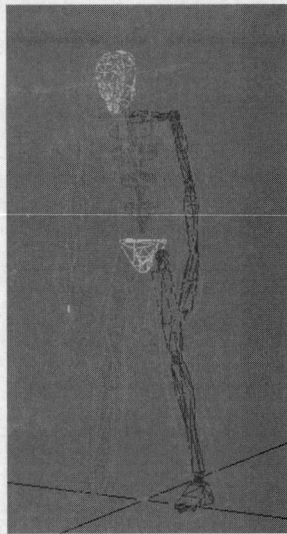

图 9 – 15 骨骼对位，调整姿势

（3）把骨骼进行对位，调整好姿势。如图 9 – 15 所示。

（4）选择角色模型，在"修改面板"中选择"蒙皮"命令，在其参数面板里点击"添加"按钮，选择全部骨骼作为添加对象，完成模型和骨骼的蒙皮操作。如图 9 – 16，9 – 17 所示。

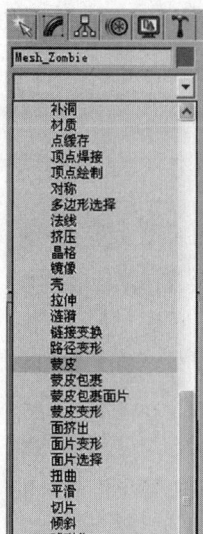

图9-16 "修改面板"中的"蒙皮"命令

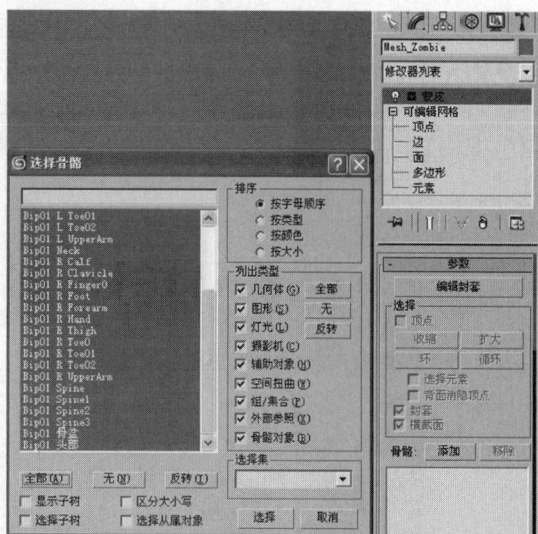

图9-17 模型与骨骼的蒙皮操作

（5）对骨骼刷权重，调整骨骼对模型的控制能力（这里不作细致的介绍，建议读者自己进行系统学习）。

5. 设置好导出的虚拟体、包围盒等内容

（1）将角色模型重命名为 player100，创建一虚拟体并命名为 detail100，把虚拟体 detail100 链接至 Bip01 下，选择对应的模型和虚拟体，点击：层次面板→轴→仅影响轴，检查模型与虚拟体的坐标朝向是否一致（很重要）。如图9-18所示。

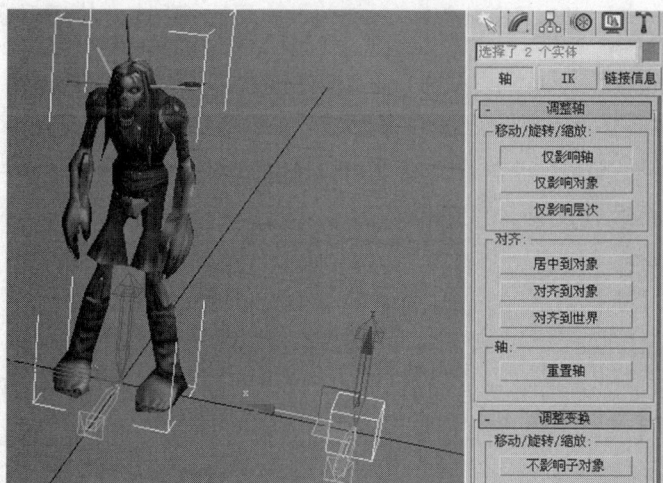

图9-18 检查模型与虚似体的坐标朝向是否一致

（2）建立 7 个虚拟体，并命名为：mount0、mount1、mount2、mount3、mount4、mount5、mount6。其中 mount0 链接到右手（以后用于角色在右手间拿着的物品）；mount1 链接到左手（以后用于角色在左手间拿着的物品）；mount2 关联到背后（以后用于角色在背后背着的物品），链接到胸骨；mount3 关联到右腰；mount4 关联到左腰（以后用于角色在腰间佩戴的物品），链接到胯骨；mount5 放置于头部，关联到头骨（以后用于帽子等头部物品）；mount6 放于角色脚下。取消所有坐标、角度、缩放继承关系，链接到胯骨（以后用于把特效关联到角色身上使用）。如图 9 – 19 所示。

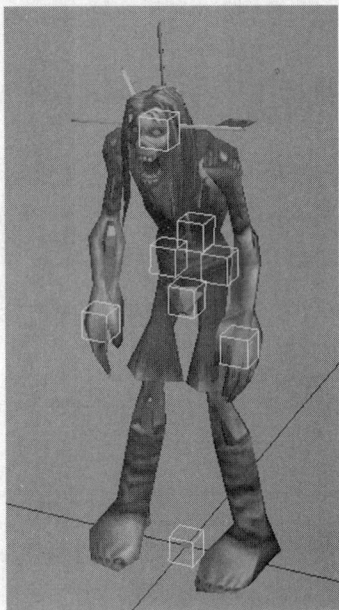

图 9 –19   建立 7 个虚拟体

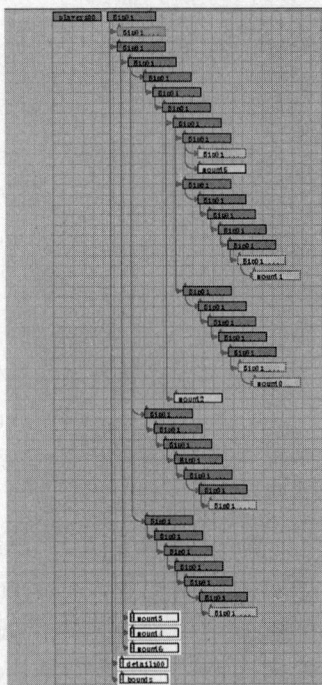

图 9 –20   box 的链接关系

（3）建立一个包住整个角色模型的 box（长方体），将其命名为 bounds。取消所有 XYZ 坐标、角度、缩放继承关系，并将其链接至 Bip01 下。整个链接关系如图 9 – 20 所示。

6. 对输出工具进行设置，以方便角色模型输出

（1）把 Parameters（参数）栏打开，将 Collapse Transforms（塌陷转换）钩选去掉。

（2）将 Error Control（错误控制）中 Allow Unused Meshes（允许不使用 Mesh 方式）钩上，这步可以让一些在做模型时忘记将多边形转换为网格的模型输出。

注意：输出 DTS 角色时最好将关键帧中所有场景内模型动作信息删除。如图 9 – 21 所示。

7. 导出 DTS 文件

在 MAX 主面板中选择：工具→DTS Exporter Utility→Whole Shape，设置文件名和位置。

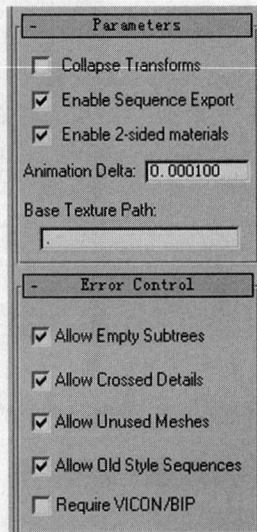

图 9 –21   对输出工具的设置

8. 设置好帧频和动画长度

设置好帧频和动画长度，给角色设计一个简单动作，创建好对应的关键帧。

9. 建立 Sequence

建立 Sequence 序列［参照本章第三节第（二）部分］，把它放置在 Bounds 虚拟体内部。

10. 后期处理

删除角色模型网格，在"DTS Exporter Utility"下点击"Sequence"按钮，设定需要保存文件的路径名。

11. 测试

把导出的 DTS、DSQ 文件和贴图复制到\Torque\SDK\example\demo\data\shape 下，然后用工具"TorqueShowToolPro"进行测试。如图 9 - 22 所示。

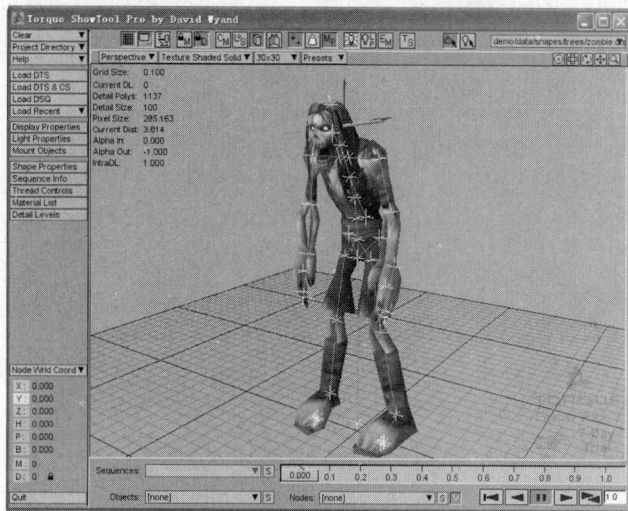

图 9 - 22　用工具"TorqueShowToolPro"进行测试

第四节　道具模型制作与输出

一、什么是道具物件模型

在 torque 引擎中，能够被角色拿取或碰到的，且与角色有一定交互关系的物品都是道具，如枪、水壶等。

二、定义基本交互对象

particlepoint：道具粒子特效附着点（如火把的着火点）。

mountpoint：模型附着点（如手拿道具的位置，火把的手拿点）。

lightpoint：光点位置附着点（如手电或火把的放光点）。

如以上附着点不够，可以再增加新的付着点。也就是说，附着点其实是可以自定义的，只要与程序沟通好就行了。

三、道具制作方向规定

（1）所有道具在制作时都要有统一的方向规定；

（2）mountpoint 的坐标朝向要完全与道具的坐标朝向一致；

（3）如果有双手使用的道具，要分别制作左手道具与右手道具；

（4）双手共持道具制作时，只取主力手（一般为右手）为持取点。

四、道具模型的导出

（1）在 Max 里创建一个简单的茶壶，命名为 teapot100。如图 9 - 23 所示。

图 9 - 23　在 Max 中创建茶壶

（2）给手拿的位置上加上一个虚拟体作为角色拿取此物件的持取点，并命名为 mountpoint，把茶壶 teapot100 关联到该虚拟体。如图 9 - 24 所示。

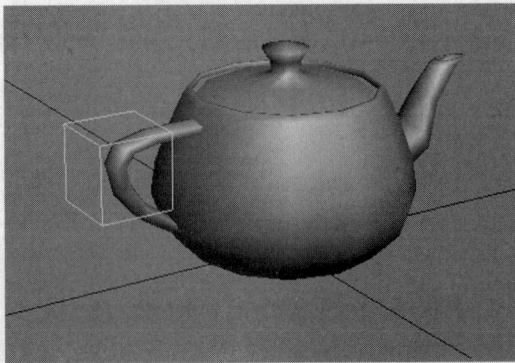

图 9 - 24　创建与茶壶柄关联的虚拟体

（3）再加一个虚拟体于洒水口位置，命名为 particlepoint（用于粒子模拟洒水效果用点）关联到茶壶 teapot100 上。如图 9 – 25 所示。

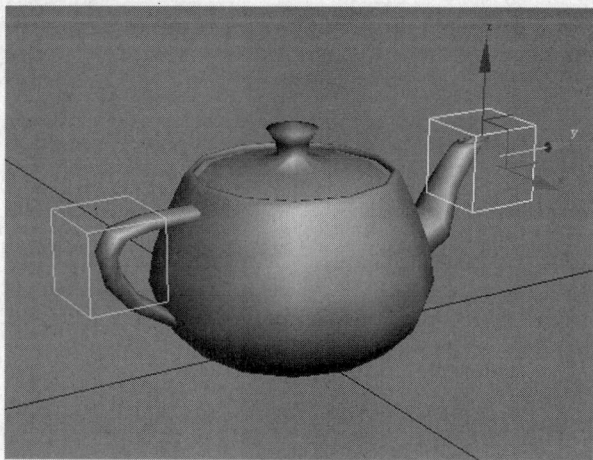

图 9 – 25　创建与茶壶口关联的虚拟体

（4）点选 mountpoint，然后点击 Embed Shape 按键，如图 9 – 26 所示

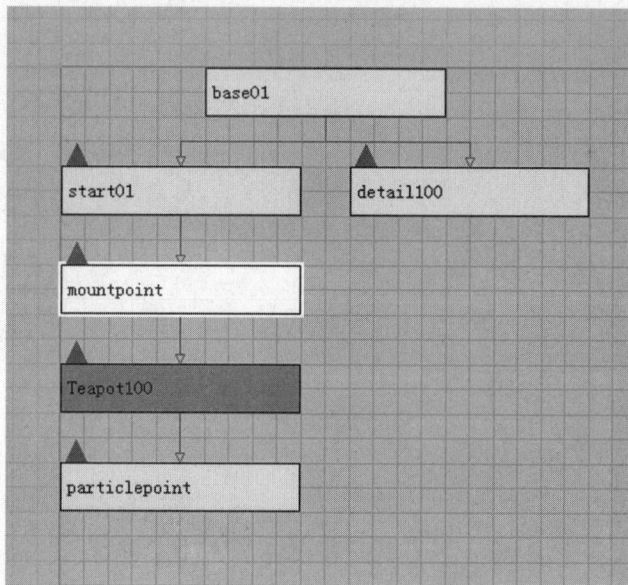

图 9 – 26　选取 mountpoint

（5）做一个 BOX，尽可能包住整个茶壶，并命名为 bounds，关联到虚拟体 mountpoint 下。如图 9 – 27 所示。

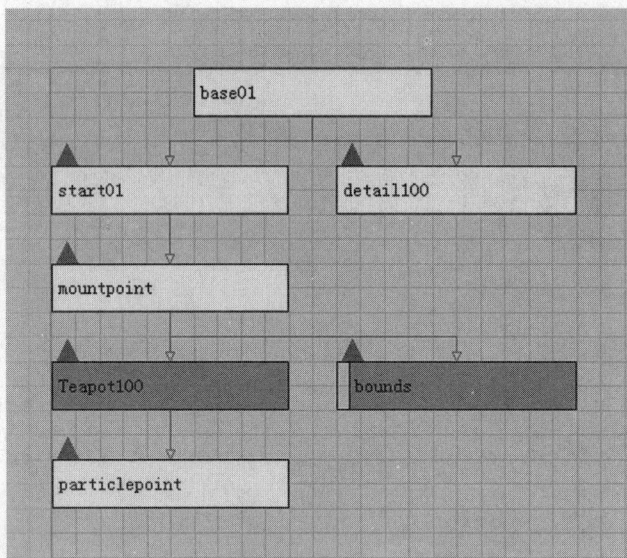

图 9-27 做 Box 并关联到 mountpoint 下

（6）点选输出，然后就可以通过 torqueshowtools 工具进行查看。

思考练习题

1. 了解并区分静态模型和带骨骼的动态模型的碰撞检测是如何创建的，有何不同。
2. 一个带动作的模型从制作到导入 Torque 引擎包括哪些步骤？测试一下是否能成功导入。
3. 道具的制作和导入 Torque 引擎包括哪些步骤？

附录　Torque 引擎开发环境工具 Torsion

Torsion 是一个功能强大的开发环境，由 Torque 爱好者专门为基于 TGE、TGEA 或 TGB，使用 TorqueScript 的游戏者而定制的。使用 Torsion 可以提高开发效率。熟悉其他流行的开发工具的用户初次使用 Torsion 会有似曾相识的感觉，它具有其他任何流行的 IDE 所拥有的一切优良特性。

双击 Torsion 安装包，可选择默认安装方式，很快就完成了 Torsion 安装工作。

（1）建立一个新项目，如图 1 所示，File\New\Project ...：

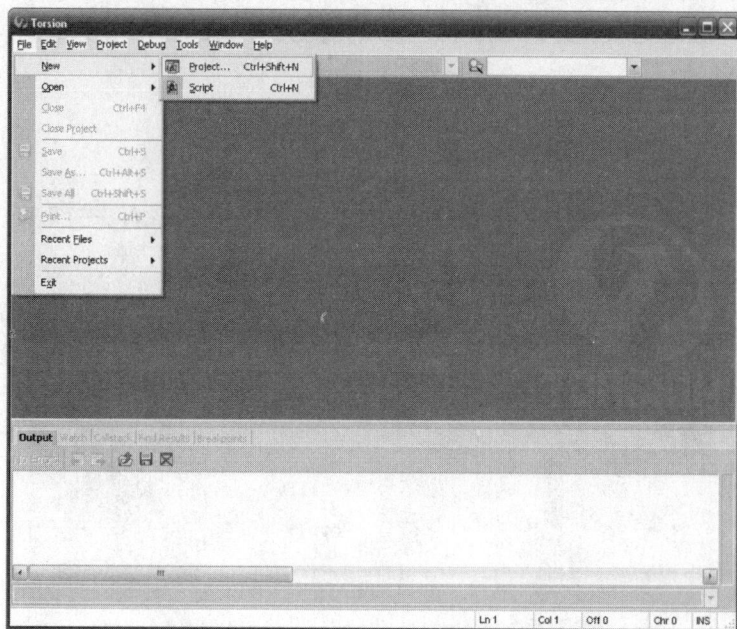

图 1　建立一个新项目

（2）接下来进行项目配置：在 Project 选项卡中，进行如图 2 所示的设置，在 Name 中输入项目名，自己任意命名；在 Base Directory 中输入自己游戏目录所在的路径，通常是游戏引擎 Torque\SDK\example 路径。

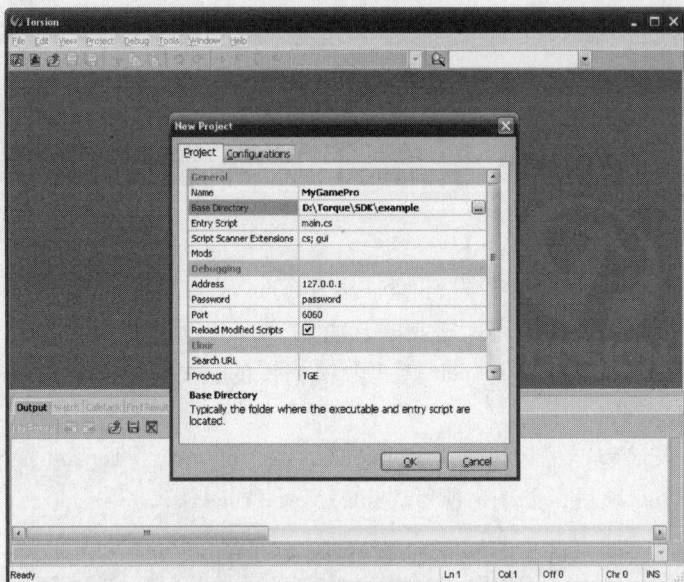

图2　对新项目进行设置

（3）选择 Configurations 选项卡，选择如图 3 的 "New" 按钮。

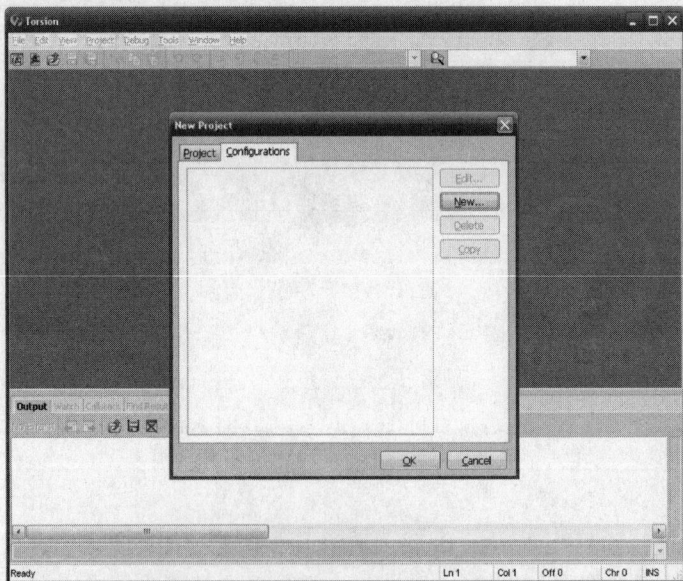

图3　选择配置选项卡

（4）在弹出的如图 4 所示的对话框中，在 Name 中输入名字，自行命名；在 Executable 中输入引擎可执行文件 torqueDemo. exe 的位置及名称，选择 OK 完成配置。

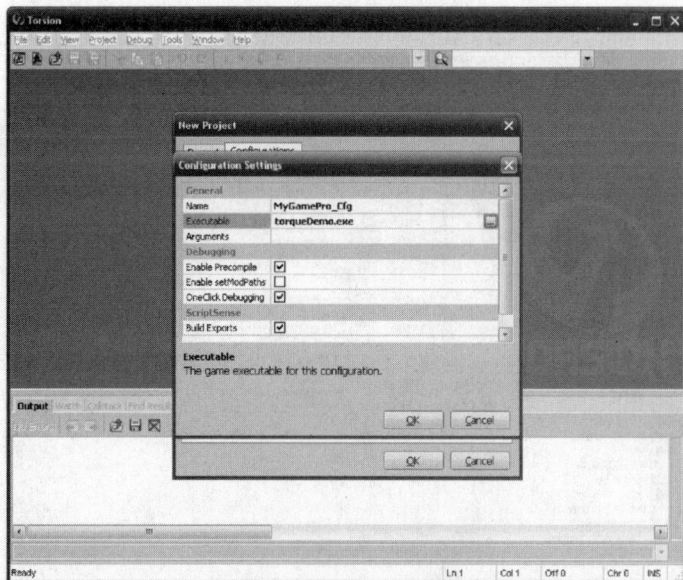

图4 在配置中进行设置

（5）Torsion 的工作界面，如图5 所示。点击工具栏中的 按钮即运行游戏。

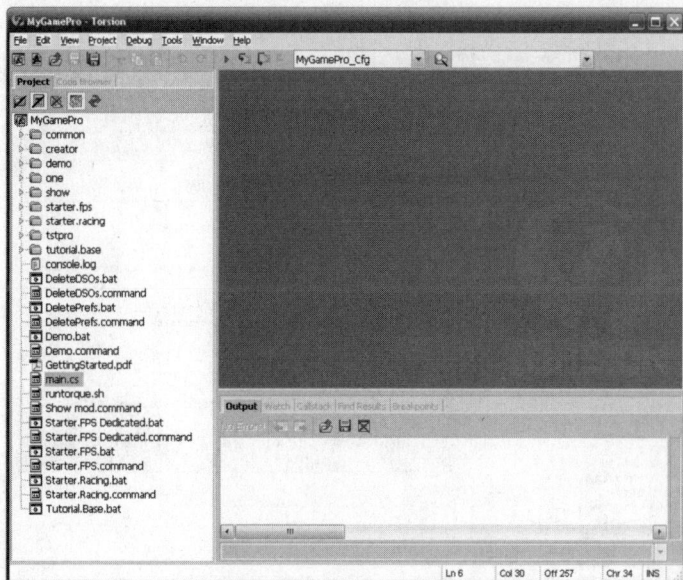

图5 Torsion 的工作界面

（6）Torsion 常用的跟踪调试方法是"插入断点"，如图6 所示。

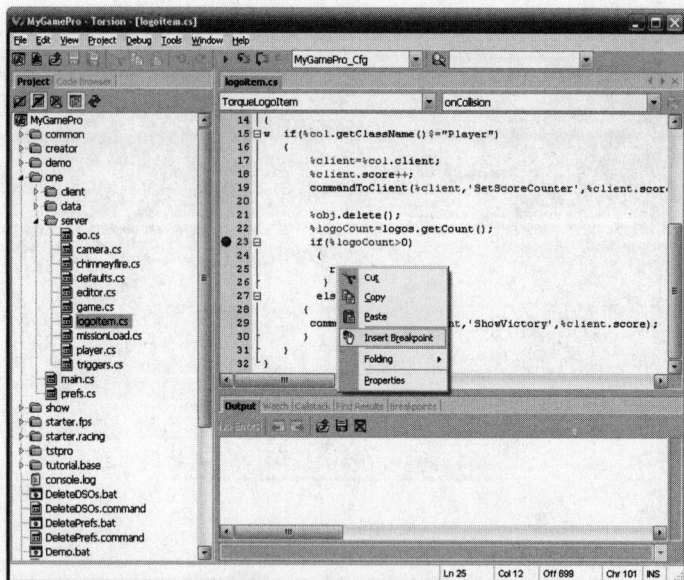

图6　Torsion 的跟踪调试方法——插入断点

（7）单步执行跟踪调试功能。如图 7 所示，分为 step、step over、step out 等多种方式。

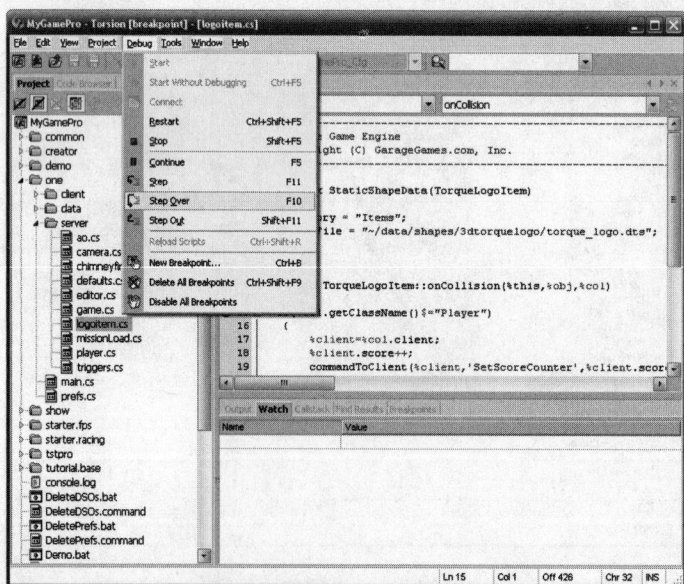

图7　Torsion 的跟踪调试功能

（8）转到数据块的定义，如图 8 所示。

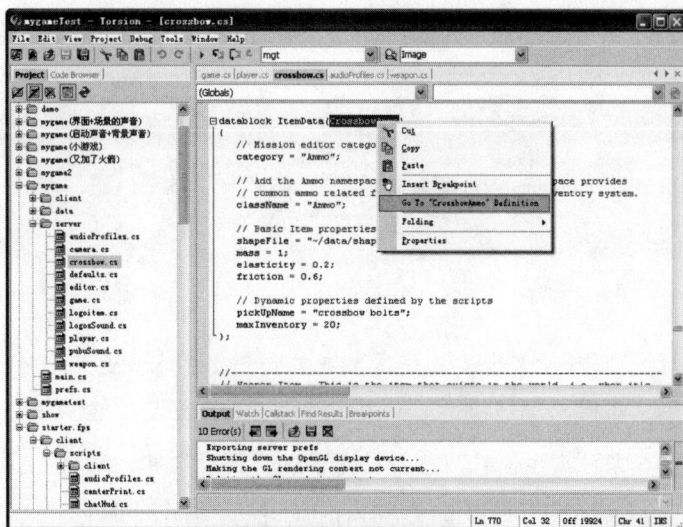

图8   转到数据块的定义

（9）在游戏运行过程中，可跟踪变量值，如图9所示。

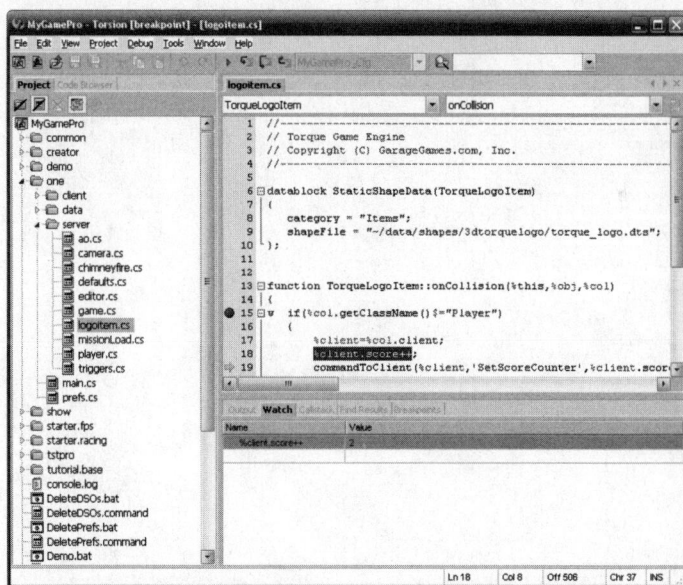

图9   游戏运行中跟踪变量值

参考文献

1. 齐兰博. 3D 游戏开发大全. 北京：清华大学出版社，2005

2. 喻春阳. 脚本级网络游戏编程. 北京：清华大学出版社，2009

3. 诸振国. DTS 角色模型制作流程及注意事项. 百度文库，2011

4. 诸振国. MAX – DTS 道具模型制作与输出. 百度文库，2011

5. 曾海，吴君胜，徐务棠等. 影视后期编辑. 北京：清华大学出版社，2011

6. 曾海，吴君胜. 网站规划与网页设计. 北京：清华大学出版社，2011

7. 网易科技部. 工信部软件服务业司副司长郭建兵做主题演讲. 网易，2010

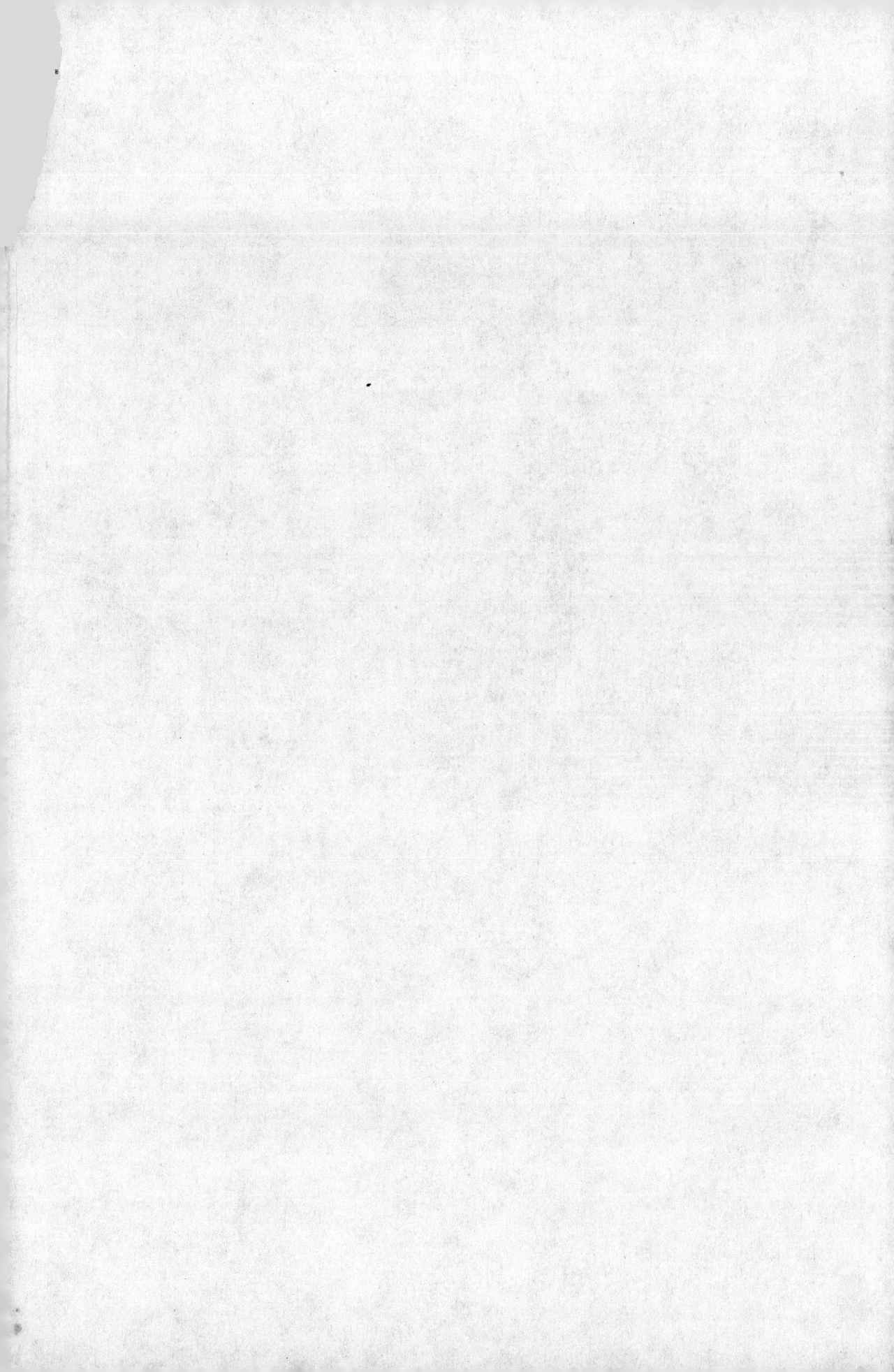